许庆元 主编

教你掌控
JIAO NI ZHANG KONG

生命中的关键
SHENG MING ZHONG DE GUAN JIAN

问题
WEN TI

光明日报出版社

图书在版编目（CIP）数据

　　教你掌控生命中的关键问题 / 许庆元主编 . —— 北京：光明日报出版社，2011.6
（2025.1 重印）
　　ISBN 978-7-5112-1147-7

　　Ⅰ.①教… Ⅱ.①许… Ⅲ.①人生哲学—通俗读物 Ⅳ.① B821-49

　　中国国家版本馆 CIP 数据核字 (2011) 第 066673 号

教你掌控生命中的关键问题

JIAO NI ZHANGKONG SHENGMING ZHONG DE GUANJIAN WENTI

主　　编：许庆元

责任编辑：温　梦　　　　　　　　　　　责任校对：一　苇
封面设计：玥婷设计　　　　　　　　　　封面印制：曹　净

出版发行：光明日报出版社
地　　址：北京市西城区永安路 106 号，100050
电　　话：010-63169890（咨询），010-63131930（邮购）
传　　真：010-63131930
网　　址：http://book.gmw.cn
E－mail：gmrbcbs@gmw.cn
法律顾问：北京市兰台律师事务所龚柳方律师

印　　刷：三河市嵩川印刷有限公司
装　　订：三河市嵩川印刷有限公司
本书如有破损、缺页、装订错误，请与本社联系调换，电话：010-63131930

开　　本：170mm×240mm
字　　数：220 千字　　　　　　　　　　印　张：15
版　　次：2011 年 6 月第 1 版　　　　　　印　次：2025 年 1 月第 4 次印刷
书　　号：ISBN 978-7-5112-1147-7
定　　价：49.80 元

前 言
PREFACE

　　人生的路虽然曲折漫长，但紧要处只有几步，而人们最容易忽视的恰恰是最基本、最简单却是最关键的问题。如何掌控生命中的关键问题？其实答案就在你自己心中。

　　人的生命是有限的，但在这有限的生命中，许多人都没有认真思考过自己的生活。

　　许多人都忙碌着，却不知自己在忙什么，为什么而忙。盲目地忙碌，盲目地生活，不知不觉，流年已在暗中偷换。因为盲目，所以茫然，不知道今天将怎样结束，明天将怎样继续……

　　其实，人生是一个过程，有意义的人生是一个在追求成功的同时也自我修炼的过程，既要追求结果，也要体验过程，更重要的是获得能力。

　　生活中会有偶然，但人生没有纯粹的偶然。人生最大的悲哀莫过于在别人给自己设定的方式中顺从地度过一生。人每时每刻都在为自己建造着生命的归宿，今天的任何一个不负责任的决定，都会有苦果在某个地方等着你。

　　做正确的事，而不仅仅是把事情做正确。人生的悲剧不在于没有优势，而在于没有发现、发挥和利用自己实际已存在着的优势，最终与精彩擦肩而过。优秀是一种习惯，生命是一种过程，为人处世，两点之间最短的距离并不一定是直线。在人生旅途中，只有知道如何停止的人才知道如何加快速度，对于人生中的许多事情来说，放弃是一种智慧，缺陷是一种恩惠……

　　每个人的人生轨迹都不一样，每个人的人生转折点也不尽相同，因此每个人面临的关键问题也不完全一致。掌控生命中的关键问题，没有固定、唯一的方法，但只要你掌握了本质的规律，懂得解决问题的原则与方法，便能以不变应万变，面对任何问题都不再迷茫而不知所措。

生活本身就是老师，可以教你很多东西，但学习的过程却是漫长而艰辛的，或许终其一生也未必能真正领悟。只有当你经历过一定的世事变迁、人间冷暖，才能体会出人生的个中滋味。不要等到青丝变成白发才开始悔悟人生，读透书中文字，在浓缩的人生经历中思考生命的真谛，让生命的内涵不断丰富，在积淀的人生中找寻生命的意义。

本书采撷了人生中最重要的一些关键问题，对其进行深刻剖析，让读者在经典的故事和精辟的讲述中领悟人生的哲理，从人生定位、人生规划、性格、心态、习惯、学习、口才、爱情、婚姻、工作、财富、人脉、机遇13个方面引领你参透人生，领悟生命中的关键问题，让你的人生尽在自己的掌握之中。

翻开本书，你能从中学会为人处世的智慧，懂得做人做事的精髓；找准人生的坐标，规划人生线路；完善勾勒性格轮廓，让心灵沐浴阳光；解读习惯的力量；学会学习的方法，用口才展现出色的自我；细心把握爱情，精心经营婚姻；懂得工作，善营财富；构建人脉平台，抓住人生的机遇。

滴水藏海，由小见大，把握关键，成就一生！

目 录
CONTENTS

序章　掌控关键，把握命运

第一章　定位——认识自我，找对位置

第二章　人生规划——选择目标，规划人生

第三章 性格——把握性格，掌控命运

第四章 心态——乐观在天堂，悲观在地狱

第五章 习惯——掌控习惯，影响一生

第六章 学习——学习改变人生

第七章 口才——你的口才价值百万

第八章 爱情——爱也是一种重要的能力

第九章 婚姻——慎重选择，用心经营

第十章 工作——用工作证明自己的价值

第十一章 财富——金钱从来没有错，错的是对它的态度

第十二章 人脉——人脉是一张价值千万的存折

第十三章 机遇——机遇其实永远都在身边

扫码获取
更多资源

序 章

掌控关键，把握命运

一、为何要掌控生命中的关键问题

你是谁？你在做什么？你要如何生活？你希望达到什么高度？

生命是个惊人的谜，不是书中所描述的谜，不是人们口中所说的谜，而是每个人必须亲自去弄清楚的谜。人生如下棋，深谋远虑者胜，只有统筹整盘棋局，走好关键的棋招，才能奠定人生的胜局。关键时刻的进或退、左或右、舍与得、是与非的选择都将影响你的人生格局，而要做出正确的抉择，不仅要靠生活的积累、生命的积淀，更要学会经营人生的艺术。

有个叫阿巴格的人生活在内蒙古草原上。有一次，年少的阿巴格和他爸爸在草原上迷了路，阿巴格又累又怕，到最后快走不动了，他看不到走出草原的希望。爸爸就从兜里掏出5枚硬币，把1枚硬币埋在草地里，把其余4枚放在阿巴格的手上，说："人生有5枚金币，童年、少年、青年、中年、老年各有1枚，你现在才用了1枚，就是埋在草地里的那1枚，你不能把5枚都扔在草原里，你要一点点地用，每一次都用出不同来，这样才不枉度过人生一世。今天我们一定要走出这片草原，你将来也一定要走出草原。世界很大，人活着，就要多走些地方，多看看，不要让你的金币没有用就扔掉。"在爸爸的鼓励下，阿巴格又充满了力量，他们最后走出了草原。长大后，阿巴格离开了家乡，成为一名优秀的船长。

上天对每个人都是公平的，真正能把握你的未来、你的一生的是你自己。如果你能了解生命的关键问题并做出正确的解答，你可以更好地使用人生的5枚金币，对生命中一些不可不知的关键问题做出很好的诠释，然后在做每件事之前，先问问自己：我在忙什么？我要做什么？

人一生解决的问题中有 80% 只是庸人自扰，而 20% 却是生命的关键，解决不同的关键问题需要不同的方法，但有一个共同的原则，就是如何让你的人生过得有意义。

曾在许多地方读过同一则哲理故事，但每次读的时候都有不同的感悟。每当想让自己的人生道路走得更好时，想想这个故事它无疑是一个很好的启示。

一天，一位教授为学生讲课，他现场做了演示，给学生们留下一生难以磨灭的印象。睿智的教授微笑着对学生说："我们来个小测验。"他拿出一个1 加仑的广口瓶放在他面前的桌上。

随后，他取出一堆拳头大小的石块，仔细地把它们一块块放进玻璃瓶里。直到石块高出瓶口，再也放不下了，他问道："瓶子满了吗？"所有学生应道："满了。"教授反问："真的？"他伸手从桌下拿出一桶砾石，倒了一些进去，并敲击玻璃瓶壁，使砾石填满下面石块的间隙。"现在瓶子满了吗？"他第二次问。但这一次学生有些明白了，"可能还没有。"一位学生回答道。"很好！"教授说。

他伸手从桌下拿出一桶沙子，开始慢慢倒进玻璃瓶。沙子填满了石块和砾石的所有间隙。他又一次问学生："瓶子满了吗？"

"没满！"学生们大声说。他再一次说："很好。" 然后，他拿过一水壶倒进玻璃瓶直到水面与瓶口平，抬头看着学生，问道："这个例子说明什么？"

一个心急的学生举手发言："它告诉我们：无论你的时间表多么紧凑，如果你确实努力，你可以做更多的事。"

"这是一种很好的解读！" 教授说，"但我想告诉你们的是：如果你不是先放大石块，那你就再也不能把大石块放进瓶子里了。那么，什么是你生命中的大石块呢，与你爱人共度时光、你的信仰、你们受到的教育、你的梦想，或是像我一样，教育指导其他人？切切记得先去处理这些'大石块'，否则，一辈子你什么都不能做到。"

人生的"大石块"就是生命中的关键问题，找出关键所在，优先把它们放进人生的瓶子里，才能让人生在有限的长度里更有意义。

时刻明白什么是人生中最重要的东西，当生命中出现难以决断的问题时，你才能尽快做出正确的解答。

二、生命中的关键问题尽在掌握之中

人生犹如一张地图，必须找到目前你所在的准确位置并确定最终的目的地所在，才能描绘出一道清晰的生命轨迹。定位人生的坐标是为了在人生关键的几步上走得更稳健、更踏实。"让世界退立一旁，让任何知道自己要往何处去的人通过"，明确自己想要的人生，确定自己心中的未来，命运的钥匙就在自己的手心里。

规划才有意义，人生有无数条单行的轨道，条条都通向未来，而人们所谓的"探索"，往往表现为无从选择地、漫不经心甚至刻意地走错了人生的单行道，或许有一天你终于明白：人生终究不是用来"探索"的，活着并精彩地演绎生活，才是唯一的人生。

品性是决定人生的终极力量，只有不断在生活中完善自我，在生命中历练品性，才能把握住人生的本质，体会生命的精髓。作为人性的底蕴所在，品质与性格往往在人生关键时刻的选择中发挥着决定性的作用。

幸福的标准是自己设定的，积极或消极，得意或失意，心态如何摆放，生活便如何演绎，或许人生不能尽如人意，但主动权却在自己手中。微笑着面对人生，坦然应对成败，把握住自己的心，才能掌控手中的世界。

习惯改变命运，小事成就大事。机遇通常隐藏在细节之中，来也匆匆，去也匆匆。生命需要一双洞察生活的慧眼，小水滴映出大世界。人生是由无数问题编织的谜团，抓住细节，才能读透人生。

人生是个不断学习的过程，学习做人，学习做事。只有深谙处事的智慧才能生活得更加充实。人在一生中面对形形色色的事情，看似毫不相干，实则异曲同工，处事的原则与理念决定成败。在处事中思索生命的内涵，做对了事，也就做对了人。

口才是一门艺术，是在纷繁复杂的现实生活中，学会深刻地领悟语言的真谛。学会如何说话，掌握口才的艺术，才能让你在与人交往时游刃有余，能够准确生动地表达自己。

爱情是生命的源泉，失去感情的滋润，生命将失去光泽，黯淡无色。感情的波折影响着事业的成功和生活的幸福，人生因情感而丰富多彩。在人生漫长的旅途中，孤独的旅人通常无法体味途中怡人的美景。享受爱情，掌控感情，能助你走好一生。

婚姻是人生中最重要的选择之一，不要将婚姻看作生命的围城、爱情的坟墓，当爱变成一种包容，一种习惯，当爱情与亲情融为一体，情感的真谛便更容易体会。

工作是一个培养能力的过程，自己本身的能力是生存的基础，只有具备生存发展的能力才能真正踏实地生活。一时的错位会让许多人在追求结果的过程中忽视能力的培养，而当人生的轨迹发生改变，他们就会发现人生陷入了无奈的困窘之中。靠自己的双手创造幸福，生活永远不必担忧。

财富的含义不只是金钱那么简单，金钱本身没有错误，错的往往是人们对于金钱的态度，掌控财富，让自己的人生不再贫乏。

处世是一门深奥的学问，世界说大就大，说小就小，关键在于你如何自处，如何与人相处。掌握处世之道便可在人海自在畅游，人脉的大树枝繁叶茂，生命才更加生机盎然。

机遇只垂青有准备的头脑，机遇不能空想，要学会自己创造，改变一切所能改变的，让自己的人生时时处于主动，处处抢占先机，才能借着机遇的翅膀越飞越远。

自己本身的能力是生存的基础，只有具备生存发展的能力才能真正踏实地生活。一时的错位会让许多人在追求结果的过程中忽视能力的培养，而当人生的轨迹发生改变，他们就会发现人生陷入了无奈的困窘之中。靠自己的双手创造幸福，生活永远不必担忧。

三、选择人生，掌控命运

掌控命运的艺术其实是一门经营人生的艺术，经营自我，经营家庭，经营事业，经营生活，在面对不同问题时做出正确的抉择。

奈德·兰塞姆是美国纽约州最著名的牧师，无论是在富人区还是贫民窟都享有极高的威望，他一生1万多次亲临临终者的床前，聆听临终者的忏悔。他的献身精神不知感化过多少人。

1967年，84岁的兰塞姆由于年龄的关系，已无法走近需要他的人。他躺在教堂的一间阁楼里，打算用生命的最后几年写一本书，把自己对生命、对生活、对死亡的认识告诉世人。他多次动笔，几易其稿，都觉得没有说出他想表达的东西。

一天，一位老妇人来敲他的门，说自己的丈夫快不行了，临终前很想见见他。兰塞姆不愿让这位远道而来的妇人失望，更不愿让她的丈夫失望，在别人的搀扶下，他去了。临终者是位布店老板，已72岁，年轻时曾和著名音乐指挥家卡拉杨一起学吹小号。他说他非常喜欢音乐，当时他的成绩远在卡拉杨之上，老师也非常看好他的前程，可惜20岁时，他迷上了赛马，结果把音乐荒废了，要不他可能是一个相当不错的音乐家。现在生命快要结束了，一生庸碌，他感到非常遗憾。他告诉兰塞姆，到另一个世界里，他绝不会做这样的傻事，他请求上帝原谅他，再给他一次学习音乐的机会。兰塞姆很体谅他的心情，尽力安抚他，答应回去后为他祈祷。

兰塞姆回到教堂，拿出他的60多本日记，决定把一些人的临终忏悔编成一本书，他认为无论自己如何论述生死，都不如这些话更能给人们以启迪。他给书起了名字——《最后的话》，书的内容都来自他的日记。可是在芝加哥麦金利影印公司承印该书时，芝加哥大地震发生了，兰塞姆的63本日记不幸毁于一旦。

1972年，《基督教科学箴言报》非常痛惜地报道了这件事，把它称之为基督教世界的"芝加哥大地震"。兰塞姆也深感痛心，他知道风烛残年的自己是不可能再回忆出这些东西的，那一年他已是 90 岁高龄的老人。1975 年，兰塞姆去世。临终前，他对身边的人说，圣基督画像的后面有一只牛皮信封，那里面有他留给世人"最后的话"。兰塞姆去世后，葬在新圣保罗大教堂，他的墓碑上工工整整地刻着他的手迹：假如时光可以倒流，世上将有一半的人成为伟人……另据《基督教科学箴言报》报道，这块墓碑也是世界上唯一一块带有省略号的墓碑！

生活本身是老师，她可以教你很多东西，但学习的过程却是漫长而艰辛的，或许终其一生也未必能真正领悟。只有当人生经历过一定的情感变化、世事变迁、人情冷暖，才能体会出个中滋味。

不要等到青丝变成白发才开始悔悟人生。读透书中文字，能让你在浓缩的人生经历中思考生命的真谛。从现在开始，不断丰富生命的内涵，从定位、人生规划、性格、心态、习惯、学习、口才、爱情、婚姻、工作、财富、人脉、机遇等多个方面参悟人生的智慧，掌控生命中的关键问题，让你的人生尽在自己的掌握之中，让你的生命散发出与众不同的光芒。

第一章

定位——
认识自我，找对位置

　　人生犹如一张地图，必须找到目前你所在的准确位置并确定最终的目的地所在，才能描绘出一道清晰的生命轨迹。定位人生的坐标是为了在人生关键的几步上走得更稳健、更踏实。"让世界退立一旁，让任何知道自己要往何处去的人通过"，明确自己想要的人生，确定自己心中的未来，命运的钥匙就在自己的手心里。

个人定位决定人生轨迹

定位是什么？

　　定位概念最初是由美国营销专家瑞斯和奇特于 1969 年提出的，依据他们的观点，定位是指商品和品牌要在潜在的消费者心中占据特定的位置，只有找准自己商品的最佳位置在何处，企业经营才能成功。随后定位的外延逐渐扩大，大至国家、企业，小至个人、项目等，均存在定位的问题，事关成败兴衰。

　　一个乞丐站在地铁出口处卖铅笔，一名商人路过，向乞丐杯子里投入几枚硬币,匆匆而去。过了一会儿商人回来取铅笔,他说:"对不起,我忘了拿铅笔,你我毕竟都是商人。"几年后,商人参加一次高级酒会,遇见了一位衣冠楚楚的先生向他敬酒致谢。这位先生说,他就是当初卖铅笔的乞丐。他生活的改变,得益于商人的那句话:你我都是商人。故事告诉我们:当你定位于乞丐,你就是乞丐;当你定位于商人,你就是商人。

定位对于人生举足轻重,一个人的发展在某种程度上取决于自己对自己的评价,在心目中你把自己定位成什么,你就是什么,因为定位能决定人生,定位能改变人生。

汽车大王福特自幼帮父亲在农场干活,12 岁时,他就在头脑中构想用能够在路上行走的机器代替牲口和人力,而父亲和周围的人都要他在农场做助手。若他真的听从了父辈的安排,世间便少了一位伟大的企业家,所幸,福特坚信自己可以成为一名机械师。于是他用 1 年的时间完成了其他人需要 3 年的机械师训练,随后又花 2 年多时间研究蒸汽原理,试图实现他的目标,未获成功;后来他又投入到汽油机研究上来,每天都梦想制造一部汽车。他的创意被大发明家爱迪生所赏识,邀请他到底特律公司担任工程师。经过 10 年努力,在 29 岁时,福特成功地制造了第一部汽车引擎。今日美国,每个家庭都有一部以上的汽车,底特律是美国大工业城市之一,也是福特的财富之都。福特的成功,不能不归功于他定位的正确和不懈的努力。

反过来说,就算你给自己定位了,如果定得不切实际,或者没有一种健康的心态,也不会取得成功。

美国西部的一个小乡村,一位家境清贫的少年在 15 岁那年,写下了他气势非凡的毕生愿望:"要到尼罗河、亚马孙河和刚果河探险;要登上珠穆朗玛峰、乞力马扎罗山和麦金利峰;驾驭大象、骆驼、鸵鸟和野马;探访马可波罗和亚历山大一世走过的道路,主演一部《人猿泰山》那样的电影,驾驶飞行器起飞降落,读完莎士比亚、柏拉图和亚里士多德的著作,谱一部乐曲,写一本书;拥有一项发明专利,给非洲的孩子筹集 100 万美元捐款……"

他洋洋洒洒地一口气列举了 127 项人生的宏伟志愿。不要说实现它们,就是看一看,也足够让人望而生畏了。

少年的心却被他那庞大的毕生愿望鼓荡得风帆劲起,他的全部心思都已被那一生的愿望紧紧地牵引着,并让他从此开始了将梦想转为现实的漫漫征

程，一路风霜雨雪，硬是把一个个近乎空想的
夙愿，变成了活生生的现实，他也因此一次次
地品味到了搏击与成功的喜悦。44 年后，他终
于实现了《一生的愿望》中的 106 个愿望……

他就是 20 世纪著名的探险家约翰·戈达
德。

当有人惊讶地追问他是凭着怎样的力量，
把那许多注定的"不可能"都踩在了脚下，他
微笑着如此回答："很简单，我只是让心灵先
到达那个地方，随后，周身就有了一股神奇的
力量，接下来，就只需沿着心灵的召唤前进了。"

人生关键点拨

明确自己的定位，
找准自己的坐标，才能
勾勒出自己清晰的人生
轨迹。明确人生的目的
地，并为此不懈努力，
才能最终成功抵达。

"前进"就是行动，就是努力，如果约翰·戈达德仅仅是抱着他那气势
非凡的《一生的愿望》想入非非，他能在 44 年内实现其中的 106 个愿望吗？
锁在抽屉里的理想蓝图永远都是空中楼阁，我们要把"许多注定的'不可能'
踩在脚下"，就得对自己的理想付出努力。

成功，是人人都渴望的，但是坚持不达目标不罢休的信念以及为到达成功
彼岸而付出一系列的努力，却不是人人都能做到的。究竟怎样才能走向成功呢？
约翰·戈达德，用自己的经历演绎了一条公式：定位＋信念＋努力＝成功。

认识你自己

哈伯德曾说：其实，在这个世界上的每个人都是一个财富的仓库，只不
过你没有发现而已。

客观地认识自己当然是困难的，然而作为一个想正正经经做一番事业的
人，对自己先要有个正确的认识，是一个起码的要求。你可能解不出那样多
的数学难题，或记不住那样多的外文单词，但你在处理事务方面却有特殊的
本领，能知人善任、排忧解难，有高超的组织能力；你在物理和化学方面也
许差一些，但写小说、诗歌是能手；也许你分辨音阶的能力不行，但有一双

极其灵巧的手；也许你连一张桌子也画不像，但有一副动人的歌喉；也许你不善于下棋，但有过人的臂力。在认识到自己长处的前提下，如果你能扬长避短，认准目标，抓紧时间把一件工作或一门学问刻苦、认真地做下去，久而久之，自然会结出丰硕的成果。

综观古今中外，凡是事业上取得成就的人，都有一个共同的特点，那就是做最适合自己的事。

爱迪生在校学习时，老师以为他是一个愚笨的孩子，经常责怪他；而爱迪生的母亲却发现了自己儿子爱探究的天赋，用心培养他，后来他终于成了发明大王。

作家三毛自幼对艺术的感受力极强，五年级上课时偷偷地读《红楼梦》，读到宝玉出走时，竟进入空灵忘我状态，连老师叫她都不知道。她很快意识到文学就是自己的追求目标，此后专心于写作，成了人们喜爱的女作家。

国学大师钱钟书，1929年报考清华大学，数学只得了15分，但他的国文和英文成绩均名列前茅，被清华大学外国语言文学系录取。此后他发挥自己的优势，潜心钻研，成了学贯中西的奇才。可见，发现自己是何等重要。

现代人才学发现，人至少有146种类型的才能，而现在的考试制度只能发现41种，人的大部分才能并未能被很好地开掘和利用。人的潜能如同在地下的石油，只有发现它，把它开采出来，它才能发光发热。

即使是那些看起来很笨的人，也许在某些特定的方面会具有杰出的才能。比如，柯南道尔作为医生并不著名，写小说却名扬天下。每个人都有自己的特长，都有自己特定的天赋与素质。如果你选对了符合自己特长的努力目标，就能够成功；否则，就会埋没自己。

很多人的成功，首先得益于他们充分了解自己的长处，根据自己的特长来进行定位。如果不充分了解自己的长处，只凭一时的兴趣和想法，那么定位就很不准确，有很大的盲目性。歌德一度没能充分了解自己的长处，树立了当画家的错误志向，害得他浪费了10多年的光阴，为此他非常后悔。美国女影星霍利·亨特一度竭力避免被定位为矮小精悍的女人，结果走了一段弯路。后来在经纪人的指导下，她重新根据自己身材娇小、个性鲜明、演技极富弹性的特点进行了正确的定位，出演《钢琴课》等影片，一举夺得戛纳电影节的"金棕榈"奖和奥斯卡大奖。

阿西莫夫是一个科普作家的同时，也是一个自然科学家。一天上午，他坐在打字机前打字的时候，突然意识到："我不能成为一个第一流的科学家，却能够成为一个第一流的科普作家。"于是，他把全部精力放在科普创作上，成了当代著名的科普作家。

科学的门类不同，需要的素质与才能也不同。比如，做一个杰出的临床医生，必须具有很好的记忆力；研究理论物理学，抽象思维能力不可少；一个数学家没有必要一定具备实际操作、设计和做实验的能力，虽然这种能力对于一个化学研究者来说是必不可少的；而天文学主要是一门观察科学，需要很好的观察能力、浓厚的兴趣和长久细致进行观察的毅力。

人的兴趣、才能、素质也是不同的。如果你不了解这一点，没能把自己的所长利用起来，你所从事的行业需要的素质和才能正是你所缺乏的，那么，你将会自我埋没。反之，如果你有自知之明，善于设计自己，从事你最擅长的工作，你就会获得成功。

人生关键点拨

做人永远是做自己最好，别太羡慕别人。因为每个人都有自己的优势，也许自己有的，他人却没有。而成功与否并不在于你是谁，做好你自己，只要努力了，你也能成功，能够获得向往的一切。

把自己放在正确的位置

在莎士比亚的名剧《哈姆雷特》中，大臣波洛涅斯告诉他的儿子："至关重要的是，你必须对自己忠实；正像有了白昼才有黑夜一样，对自己忠实，才不会对别人欺诈。"波洛涅斯劝告儿子要根据自身最坚定的信念和能力去生活——去正视不同的世界，同时，必须尊重他人的权利。

然而，大多数人总发现自己在犹豫之中。怎样做才能不虚度一生？怎样才能知道自己选择了合适的职业或恰当的目标呢？威特勒教授的研究结果和经历证实，与其让双亲、老师、朋友或经济学家为我们制定长远规划，还不如自己来了解一下我们"擅长"做什么。

由于中学时一直取得优等成绩，威特勒被安纳波利斯的美国海军专科学院录取。当时，他发现在那里毕业将会是一场战斗。为了取悦父亲，他上了这个定向于工程学的学校。但是这却不知不觉地远离了他天生喜爱的专业——通讯和人类交往。后来的海军生活使他懂得了约束自己、调整目标和协调工作。但是，找到他真正喜爱的能够显示自己才能的职业却花费了将近30年。

罗杰·罗尔斯是美国纽约州历史上第一位黑人州长。他出生在纽约声名狼藉的大沙头贫民窟，这里环境肮脏，充满暴力，是偷渡者和流浪汉的聚集地。在这儿出生的孩子，对恶行耳濡目染，从小就学会了逃学、打架、偷东西甚至吸毒，长大后很少有人从事体面的职业。然而，罗杰·罗尔斯是个例外，他不仅考入了大学，而且成了州长。

在就职的记者招待会上，一位记者问，是什么把他推向州长宝座的。面对300多名记者，罗尔斯对自己的奋斗史只字未提，只谈到了他上小学时的校长——皮尔·保罗。

1961年，皮尔·保罗被聘为诺必塔小学的董事兼校长。当时正值美国嬉皮士流行的时代，他走进大沙头诺必塔小学的时候，发现这儿的穷孩子比"迷惘的一代"还要无所事事。他们不与老师合作，旷课、斗殴，甚至砸烂教室的黑板。皮尔·保罗想了很多办法来引导他们，可是没有一个是奏效的。后来他发现这些孩子都很迷信，于是在他上课的时候就多了一项内容——给学生看手相。他用这个办法来鼓励学生。

当罗尔斯从窗台上跳下，伸着小手走向讲台时，皮尔·保罗对他说："我一看你修长的小拇指就知道，将来你是纽约州的州长。"当时，罗尔斯大吃一惊，因为长这么大，只有他奶奶让他振奋过一次，说他可以成为5吨重的小船的船长。这一次，皮尔·保罗先

人生关键点拨

把自己放在正确的位置，选择适合自己的人生，不要因为他人的看法而改变自己的定位，正确与否，只有自己才有发言权。

生竟说他可以当纽约州的州长，着实出乎他的预料。他记下了这句话，并相信了它。从那天起，罗尔斯的衣服上不再沾满泥土，说话时也不再夹杂污言秽语了。他开始挺直腰杆走路，在以后的 40 多年间，"纽约州州长"就像一面旗帜，他没有一天不按州长的身份要求自己。51 岁那年，他终于成了州长。

种瓜得瓜，种豆得豆。我们所得的报酬取决于我们所做的贡献。你也许会因自己在生活中的位置，或者荣获赞誉，或者蒙受耻辱。有责任心的人关注的是那些束缚自己的枷锁，在关键时刻，宣告自己的独立。

相信自己，一切皆有可能

美国著名心理医生基恩博士常跟病人讲起他小时候经历过的一件触动心灵的事：

一天，几个白人小孩正在公园里玩，这时，一位卖氢气球的老人推着货车进了公园。白人小孩一窝蜂地跑了过去，每人买了一个氢气球，兴高采烈地追逐着放飞，不一会天空中就飞起许多的色彩艳丽的氢气球。在公园的一个角落躺着一个黑人小孩，他羡慕地看着白人小孩在嬉戏，他不敢过去和他们一起玩，因为他很自卑。白人小孩的身影消失后，他才怯生生地走到老人的货车旁，用略带恳求的语气问道"您可以卖一个气球给我吗？"老人用慈祥的目光打量了他一下，温和地说："当然可以，你要什么颜色的？"小孩鼓起勇气回答："我要一个黑色的。"脸上写满沧桑的老人惊诧地看了看黑人小孩，给了他一个黑色的氢气球。

黑人小孩开心地拿过气球，小手一松，黑色气球在微风中冉冉升起，在蓝天白云的映衬下形成了一道别样的风景。

老人一边眯着眼睛看气球上升，一边用手轻轻地拍了拍黑人小孩的后脑勺，说："记住，气球能不能升起，不是因为它的颜色、形状，而是气球内有没有充满氢气。一个人的成败不是因为种族、出身，关键是你的心中有没有自信。"

那个黑人小孩便是基恩博士自己。

人生关键点拨

一个人没有自信心时，任何事情都不会做成功，就像没有脊椎骨的人是永远站不起来的一样。

有信心的人，可以化渺小为伟大，化平庸为神奇。生活对于任何一个人都非易事，我们必须要有坚忍不拔的精神，最要紧的，还是我们自己要有信心。我们必须相信，自己对一件事情具有天赋的才能，并且，无论付出任何代价，都要把这件事情完成。当事情结束的时候，你会发现：如果你的信念还站立的话，没有人能使你倒下。

一个缺乏自信心的人，便缺乏发展各种能力的主动积极性，而主动积极性对刺激人的各项感官与功能及其综合能力的发挥起着决定性的作用。一个典型的例子是人的记忆力。据科学研究表明，一般人的记忆功能只利用了人记忆潜力的千分之一，而大多数人都认为我们的记忆水平已到头了，不可能再记得更多了，主观上的松懈，使得记忆神经缺乏刺激，因而与人类所应有的记忆水平相距甚远。

美国的一个教育专家做了一个试验，将一个学习成绩较差班级的学生当作学习优秀班的学生来对待，而将一个优秀学生的班级当作问题班来教，一段时间下来，发现原来成绩相差很远的两班学生，在试验结束后的总结测验中平均成绩相差无几。原因就是差班的学生受到不明真相的老师对他们所持信心的鼓励（老师以为他所教的是一个优秀班），学习积极性大增，而原来的优秀班学生受到老师对他们怀疑态度的影响，自信心被挫伤，以致转变学习态度，影响学习成绩，从这个试验可以看出，我们需要自信如同种子需要阳光一样。

在一个人的心态与性格中，有非常重要的一点，那就是如何看待自我。如果一个人对自我没有一个清醒的认识，那也很难谈到客观地对待外部世界。自信是在客观地认清自己的现状之后而仍保持的一种昂扬斗志。自信就是成功者必须依赖的精神潜能。

有人在研究当代世界名人成长经历后发现，这些名人对自我都有一种积极的认识和评价，表现出相当的自信。因为他们首先自信，所以才会相信自己的选择、相信自己的事业有成功的可能，所以才会坚持到底，直至达到自己的目标。

在现代社会，一个人要想成就一番大业，单凭单枪匹马的拼杀是不够的，它更需要众多人的支持和合作，这样，自信就显得尤为关键。一个人只有首先相信自己，才能说服别人来相信你；如果连自己都不相信自己，那么这意味着你已失去在这个世界上最可依靠的力量。

自律自省，成就自己的方圆

曾有这样一个实验：让一群儿童分别走进一个空荡荡的大厅，在大厅最显著的位置为每个孩子准备了一块软糖。测试老师对每一个将要走进去的孩子说："如果你能坚持到老师回来时还没把这块软糖吃掉的话，将会得到一个奖励——再给你一块软糖，也就是说，你将得到两块软糖。但是，如果你没等我回来就把糖吃掉的话，那么你只能得到这一块。"

实验开始，孩子们依次走进大厅……

实验结果发现，有些孩子缺乏控制能力，大人不在，又受不了糖的诱惑，就把糖吃掉了。另外一些孩子，则牢牢记住了先前老师所讲的话，认为自己只要能够坚持一会儿，就可以得到两块糖，于是，尽量控制住自己。他们并非不受糖的诱惑，只是努力地转移自己的注意力，他们有的唱歌，有的蹦蹦跳跳，有的干脆趴在桌子上睡觉，坚持不看那块软糖，一直等到老师的到来。

这样，他们就得到了奖励——第二块软糖。

专家们把孩子分成两组：能够抵御诱惑、坚持下来得到两块软糖的和不能够坚持下来、只得到一块软糖的孩子，并对他们进行了长期的跟踪调查。结果发现，在他们长大以后，那些只得到一块糖的孩子普遍没有得到两块糖的孩子获得的成就大。

这就说明，凡是小时候缺乏控制力的，今后无论他的智力商数如何高，他成功的几率都很小；反之，那些小时候便能控制住自己的孩子，往往能够更好地把握自己的人生。

常言道："小不忍则乱大谋。"这个"忍"就是忍耐、克制的意思。做人必须首先自制，也就是懂得管理自己。一个人的言行受着多方面的制约，如果自己管理不好自己，就必然会受制于人，失去自主的权利。

自律是一种心态。如果我们懂得自律，就能时常反省自己，让自己始终拥有不断进取的动力。

自律自制是一切美德的基石。一个不能自我管理、自我约束的人，很难想象会在日后形成高尚的品格，会在充满各种诱惑的社会中完成理想的目标。

> **人生关键点拨**
>
> 做自己真正的主人，才能在人生道路上拥有主动权。

自律要求我们以理性来平衡自己的情绪，接受理性的指引，"谋定而后动"，管住自己的言行和举止，而后引导所有积蓄的力量流入成功的海洋。

相反，如果一个人有缺乏自律的习惯，总是让自己的情绪主导着一切，口无遮拦，行无规矩，随心所欲，没有规划，也不会有目标。那么，要么他所有的努力如同脱缰野马，根本控制不了，也达不到既定的目标；要么他的行为与环境格格不入，最终也达不到成功的彼岸。

有一个名牌大学毕业的大学生，在学校上学时就与一家公司签订了合同，毕业后即到此家公司工作。但他参加工作后，不仅工作浮躁，态度也很不认真，对学历不如他的人总是投去鄙视的目光，让其他员工难以忍受。可他自己却不以为然，因为他认为，他是名牌大学毕业的，应该有一种特殊"身份"。

这些事被老板知道后，就把他叫到办公室批评了他，并给他讲为人处世的道理。但是他很不服气，再加上老板说话比较严厉，他一冲动，便和老板吵了起来，还把他是名牌大学生一直挂在嘴边。过了一会儿老板不和他吵了，而是很平静地说："既然你有这么高的水平，留在本公司工作，还真是大材小用了。那从明天开始，你就另谋高就吧！"显而易见，他为这次冲动付出了高昂的代价，在今后的求职道路上也制造了许多的障碍。

只是因为自傲、任性和冲动，使得大学生在刚刚踏入社会的时候就摔了一个大跟头。在未来的人生路上，如果他不能改掉这些坏毛病而自律的话，将影响他一生事业的发展。

自我控制是一种克制或节制，自我约束是一种美德，是文明战胜野蛮、理智战胜情感、智慧战胜愚昧的表现。

自我控制能使生活之路变得平坦，还能开辟出许多新道路，如果没有这种自我控制，就不能有所创新。在政治上，春风得意的人并非因为天赋非凡，而是因为性情的非凡才使他获得成功。如果我们没有自我控制的能力，就会缺乏忍耐精神，既不能管理自己，也不能驾驭别人。

自我控制的勇气可以体现在许多方面，但是，唯有在真正的生活中才体现得最真切、最分明。没有自我控制美德的人不仅使自己屈从于自私的欲望，而且使自己受他人的奴役。别人做什么，这些人也做什么。每种欲望都能轻易地俘虏他们，他们没有道德勇气去控制欲望。他们不能抵制物质的诱惑，甚至不惜以牺牲他人的利益为代价，而所有这一切都会使他们道德懦弱、卑怯，缺乏独立自主的精神。

没有规矩，不成方圆。自律、自省、自制，自己为自己设定人生的规矩，才能成就自己的方圆。

保持自己的理想高度

梦想的力量是无穷的，它关系到你的成就。就像一句话所说的："人一生的成就，永远大不过他所梦想的。"

因为梦想和现实总有距离，所以你的"梦想"可以不必过于"真实"。哪怕有人认为你的想法只是"痴人说梦"，你也大可不必放在心上，毕竟只有超越了现实的梦想才值得我们用心去追逐，也才能够真正地发挥出我们的潜能。

有一次，一位叫布罗迪的英国教师在整理阁楼上的旧物时，发现了一叠练习册，它们是彼得金中学 B(2) 班 51 位孩子的春季作文，题目叫《未来我是×××》。他本以为这些东西在德军空袭伦敦时被炸了，没想到它们竟安然地躺在自己家里，并且一躺就是 25 年。

布罗迪顺便翻了几本，很快被孩子们千奇百怪的自我设计迷住了。比如：有个叫彼得的学生说，未来的他是海军大臣，因为有一次他在海中游泳，喝了 3 升海水，都没被淹死；还有一个说，自己将来必定是法国的总统，因为他能背出 25 个法国城市的名字，而同班的其他同学最多的只能背出 7 个；最让人称奇的，是一个叫戴维的双目失明的学生，他认为，将来他必定是英国的一位内阁大臣，因为在英国还没有一个盲人进入过内阁。总之，31 个孩子都在作文中描绘了自己的未来：有当驯狗师的；有当领航员的；有做王妃的……五花八门、应有尽有。

布罗迪读着这些作文，突然有一种冲动——何不把这些本子重新发到学生们手中，让他们看看现在的自己是否实现了 25 年前的梦想。当地一家报纸得知他这一想法，为他发了一则启事。没几天，书信向布罗迪飞来。他们中间有商人、学者及政府官员……

一年后，布罗迪身边仅剩下一个作文本没人索要。他想，这个叫戴维的人也许死了。毕竟 25 年了，25 年间是什么事都会发生的。

就在布罗迪准备把这个本子送给一家私人收藏馆时，他收到内阁教育大臣布伦克特的一封信。他在信中说："那个叫戴维的就是我，感谢您还为我们保存着儿时的理想。不过我已经不需要那个本子了，因为从那时起，我的理想就一直在我的脑子里，我没有一天放弃过，25 年过去了，可以说我已经实现了那个理想。今天，我还想通过这封信告诉年轻的朋友们，只要不让年轻时的理想随岁月飘逝，成功总有一天会出现在你的面前。"

布伦克特的这封信后来被发表在《太阳报》上，因为他作为英国第一位盲人大臣，用自己的行动证明了一个真理：假如谁能把儿时的理想保持 25 年，那么他现在一定是个非常成功的人。

保持自己的理想高度，站得高，才能看得远。美国潜能成功学大师安东尼·罗宾说："如果你是个业务员，赚 1 万美元容易，还是 10 万美元容易？告诉你，是 10 万美元！为什么？如果你的目标是赚 1 万美元，那么你的打算不过是能糊口罢了。如果这就是你的目标与你工作的原因，请问你工作时会兴奋有劲吗？会热情洋溢吗？"

虽然你还不是成功者，但可以在"白日梦"中以成功者的姿态出现一下，有一种成功的感觉，也会使你在别人面前显得信心百倍。事实

人生关键点拨

不要让生活降低自己理想的高度，不论你想要的是什么，只要你拥有梦想并为之努力，必定能够得到你想要的一切。

上，这是一种增强自信心的方式。

花点时间想象一下，如果你登上事业顶峰，生活将是什么样子。不妨想象你坐在总经理办公室里的情景，想象随之而来的巨额报酬和发号施令的权力。然后，再想想在通向总经理办公室的道路上，你经历过的每一阶段，那些你已经达到并超越的目标。在"白日梦"里，当想象自己达到某种近期目标时，还要在想象中体会成功的喜悦。

更重要的是，让您的梦想白热化，在眼前让它成真，成为实际的情境。让自己立刻进入您所想要的情境，真正成为您企盼成就的那种样式；成为那个人，就在当下，这样修炼出的形象对你的成功是大有裨益的。

守住自己的梦想

一个具有崇高生活目的和思想目标的人，毫无疑问会比一个根本没有目标的人更有作为。有句苏格兰谚语说："扯住穿金制长袍的人，或许可以得到一只金袖子。"那些志存高远的人，所取得的成就必定远远离开起点。即使你的目标没有完全实现，你为之付出的努力本身也会让你受益终生。

梦想不是务虚的借口，梦想是衡量个性境界的最佳标尺。我们先退一万步说，就算一个人只停留在梦想表层，根本不去努力实现它，也比没有梦想的家伙强上百倍。

梦想应当有多大？应该像米开朗琪罗祷告中所说的那样："上帝允许我的成就永远比原来希望的更大。"

伟大的梦想通常促使我们发挥自身最佳能力，激励我们努力工作，瞄准目标，全力以赴，因此人们都应该守住自己的梦想。

罗马纳·巴纽埃洛斯是一位墨西哥姑娘，16岁就结婚了。在两年当中她生了两个儿子，丈夫不久后离家出走，罗马纳只好独自支撑家庭。但是，她决心谋求一种令自己及两个儿子感到体面和自豪的生活。

她用一块普通披巾包起全部财产，跨过里奥兰德河，在德克萨斯州的埃尔帕索安顿下来。她在一家洗衣店工作，一天仅赚1美元，但她从没忘记自己的梦想，即摆脱贫困过上受人尊敬的生活。于是，口袋里只有 7 美元的她，带着两个儿子乘公共汽车来到洛杉矶寻求更好的发展。

她开始做洗碗的工作，后来找到什么活就做什么。拼命攒钱直到存了 400 美元后，她和姨母共同买下一家拥有一台烙饼机的小店。

她与姨母共同制作的玉米饼非常成功，后来还开了几家分店。直到姨母感觉到工作太辛苦了，罗马纳便买下了她的股份。

不久，罗马纳经营的小玉米饼店铺成为美国最大的墨西哥食品批发商，拥有员工 300 多人。

她和两个儿子经济上有了保障之后，这位勇敢的年轻妇女便将精力转移到提高美籍墨西哥人的地位上。

人生关键点拨

走自己的路，不要管别人怎么说。守住自己的梦想，不要让现实与困难磨碎它。成功是梦想的伴侣，想到的或许未必能得到，但不去想永远得不到。

"我们需要自己的银行。"她想。

抱有消极思想的专家们告诉她："不要做这种事。"

他们说："美籍墨西哥人不能创办自己的银行，你们没有资格创办一家银行，同时永远不会成功。"

"我行，而且一定要成功。"她平静地回答说。结果她真的梦想成真了。

她与伙伴们在一个小拖车里创办起他们的银行。可是，到社区销售股票时却遇到另外一个麻烦，因为人们对他们毫无信心，她向人们兜售股票时遭到拒绝。

他们问道："你怎么可能办得起银行呢?""我们已经努力了十几年，总是失败，你知道吗? 墨西哥人不是银行家呀!"

但是，她无论别人怎么看，她始终不放弃自己的梦想，努力不懈，如今，罗马纳创建的"泛美国民银行"取得伟大成功的故事在东洛杉矶已经传为佳话。后来她的签名出现在无数的美国货币上，她由此成为美国第 34 任财政部长。

当你内心有了一个梦想，便要为之不懈努力，不要让他人的看法和外在的环境偷走你的梦想，出卖了自己梦想的人是不可能取得成功的。

第二章

人生规划——
选择目标，规划人生

规划才有意义，人生有无数条单行的轨道，条条都通向未来，而人们所谓的"探索"，往往表现为无从选择地、漫不经心地、甚至刻意地走错了人生的单行道。或许有一天你终于明白：人生终究不是用来"探索"的，活着并精彩地演绎生活，才是你想要的人生。明确自己想要的生活，规划自己的人生线路，让未来的你决定现在的路。

掌控生命始于规划人生

做人应该对自己的未来有所预见，否则就可能招致麻烦或使自己陷入险境。

公元前 415 年，雅典人准备攻击西西里岛，他们以为战争会给他们带来财富和权力，但是他们没有考虑到战争的危险性和西西里人抵抗战争的顽强性。由于求胜心切，战线拉得太长，他们的力量被分散，再加上面对着所有联合起来的敌人，他们更难以应付。雅典的远征导致了历史上最伟大的一个文明的覆亡。

一时的心血来潮引起了雅典人的灭顶之灾，胜利的果实的确诱人，但远方隐约浮现的灾难更加可怕。因此，不要只想着胜利，还要想着潜在的危险，有可能这种危险是致命的。不要因为一时的心血来潮而毁灭了自己。

对自己的未来没有预见的人，往往会被眼前的利益蒙蔽住双眼，而看不到远方的危险，他们的权力会在这个过程中丧失。所以，要学会高瞻远瞩，培养自己预见未来的能力。

感觉经常会欺骗自己，那些自认为拥有预见未来能力的人，事实上只是屈服于欲望，沉湎于自己的想象而已。他们的目标往往不切实际，会随着周围状况的改变而改变。

好的目标是成功的一半，人生不能没有目标，一个好的目标必须具备下列几项要求，缺一不可。

（1）目标应该是明确的。有些人也有自己奋斗的目标，但是他的目标是模糊的、泛泛的、不具体的，因而也是难以把握的，这样的目标同没有差不多。比如，一个人在青少年时期确定了要做一个科学家的目标，这样的目标就不是很明确。因为科学的门类很多，究竟要做哪一个学科的科学家，确定目标的人并不是很清楚，因而也就难以把握。

目标不明确，行动起来也就有很大的盲目性，就有可能浪费时间和耽误前程。生活中有不少人，有些甚至是相当出色的人，就是由于确立的目标不明确、不具体而一事无成。

（2）目标应该是实际的。一个人确立奋斗的目标，一定要根据自己的实际情况来确定，要能够发挥自己的长处。如果目标不切实际，与自己的条件相去甚远，那就不可能达到。为一个不可能达到的目标而花费精力，同浪费生命没有什么两样。

（3）目标应该是专一的。一个人确定的目标要专一，而不能经常变。确立目标之前需要做深入细致的思考，要权衡各种利弊，考虑各种内外因素，从众多可供选择的目标中确立一个。

一个人在某一个时期或一生中一般只能确立一个主要目标，目标过多会使人无所适从，应接不暇，忙于应付。生活中有一些人之所以没有什么成就，原因之一就是经常确立目标，经常变换目标，所谓"常立志"者就是这样一种人。

（4）目标应该是特定的。确定目标不能太宽泛，而应该确定在一个具体的点上。如同用放大镜聚集阳光使一张纸燃烧，要把焦距对准纸片才能点

人生关键点拨

当我们有了一个理想的目标，如果再加上必然能够实现的信念，那么就等于成功了一半。未来的蓝图由自己规划，明天的美好由今天的目标决定，有规划，才有美妙人生。

燃。如果不停地移动放大镜，或者对不准焦距，都不能使纸片燃烧。

这也同建造一座大楼，图纸设计不能只是个大概样子，或者含糊不清，而必须在面积、结构、款式等方面都是特定和具体的。目标应该用具体的细节反映出来，否则就显得过于笼统而无法付诸实施。

（5）目标应该是远大的。目标有大小之分，这里讲的主要是有重大价值的目标。只有远大的目标，才会有崇高的意义，才能激起一个人心中的渴望。请记住，设定目标有一个重要的原则，那就是它要有足够的难度，乍看之下似乎不易达成，可是它又对你有足够的吸引力，使你愿意全心全力去完成。

确定心中想要的生活

1953年，美国哈佛大学曾对当时的应届毕业生做过一次调查，询问他们是否对自己的未来有清晰明确的目标，以及达到目标的书面计划，结果只有不到3%的学生有肯定的答复。20年后，研究者再次访问了当年接受调查的毕业生，结果发现那些有明确目标及计划的3%的学生，在20年后不论在事业成就、快乐及幸福程度上都高于其他人。尤其甚者，这3%的人的财富总和，居然大于另外97%的所有学生的财富总和，而这就是设定目标的力量。

确立目标，是人生规划的第一乐章。不甘作平庸之辈的人，必须要有一个明确的追求目标，才能调动起自己的智慧和精力。

在现实生活中，确有许多"平庸之辈"又有不甘平庸之心。这是一个积极处世的人不容回避的问题。作为一个平凡的人，尽管不可能轰轰烈烈，但是能使平凡的人生稍许较常人不平凡一些，尽可能比别人强一些，是肯定能办到的。

我们需要提升生存的智慧，思考成功，追求卓越，对人生的意义、人生的价值、人生的幸福等问题交出较满意的答卷。不甘平庸，崇尚奋斗，正是人生之歌的主旋律。

没有明确的目标，没有目标的努力，显然如竹篮打水，终将一无所有。

目标是构成成功的基石，是成功路上的里程碑。目标能给你一个看得见的靶子，一步一个脚印去实现这些目标，你就会有成就感，就会更加信心百倍，向高峰挺进。

成功是每一个追求者所热烈企盼和向往的，是每一个奋斗者为之倾心的凤愿。在目标的推动下，人就能够被激励、鞭策，处于一种昂扬、激奋的状态下，去积极进取、创造，向着美好的未来挺进。

目标是一种持久的渴望，是一种深藏于心底的潜意识。它能长时间调动你的创造激情，调动你的心力。你一旦想到这种强烈的愿望，就会产生一种不绝的动力，就会有一种钢铸的精神支柱。一想到它，你就会为之奋力拼搏，就会尽力完善自我。在艰难险阻面前，绝不会轻易说"不"字。为了目标的实现，去勇敢地超越自我，跨越障碍，踏出一条坦途。

目标是信念、志向的具体化，奋斗者一定要有梦想，梦想正是步入成功殿堂的源泉。许多精英俊杰都是出色的梦想者。他们梦想的目标一旦确立，就会万难不屈、坚毅果敢，充分发掘自己的潜能，将自己的才华优势发挥到极致，以百倍的努力冲刺、攀登。

正如美国成功学家拿破仑·希尔所言："你过去或现在的情况并不重要，你将来想获得什么成就才最重要。除非你对未来有理想，否则做不出什么大事来。有了目标，内心的力量才会找到方向。"

可以说，一个人之所以伟大，首先在于他有一个伟大的目标。

规划你的人生，确定目标是首要的战略问题。目标能够指导人生，规范人生，是成功之第一要义。目标之于事业，具有举足轻重的作用。忽视目标定位的人，或是始终确定不了目标的人，他的努力就会事倍功半，难以达到理想的彼岸。

日常生活中，你一定会先决定目的地，并且带好地图，才会出远门。然而，100个人当中，大约只有两个人清楚自己一生要的是什么，并且有可行的计划达到目标。这些人都是各行各业中的领导者——没有虚度此生的成功者。因为，一个一心向着自己目标前进的人，整个世界都会给他让路。如果你确定知道自己要什么，对自己的能力有绝对的信心，你就会成功。如果你还不知道自己的一生想要追求什么，现在就开始，此时此刻，想好自己要什么，你有几分的决心，何时会做到。

人生关键点拨

确定心中想要的，决定眼下应做的，只有心中有梦想，有渴望，才有实现理想的可能。

确定心中想要的生活，利用以下 4 个步骤，认清你的目标：

(1) 把你最想要的东西，用一句话清楚地写下来；当你得到或完成你想要的事物，你就成功了。

(2) 写出明确的计划，如何达成这个目标，清楚地写出你要怎么做。

(3) 订出完成既定目标明确的时间表。

(4) 牢记你所写的东西，每天复述几遍。

遵照这几项步骤，很快地，你可能会惊讶地发现，你的人生愈变愈好。这一套模式将引导你与无形的伙伴结合，让他替你除去途中的障碍，带来你梦寐以求的有利机会。持续进行这些步骤，你就不会因为别人的怀疑而动摇。

记住，任何事情都不会偶然发生，都一定是有原因的，包括个人的成功。成功都是下定决心，相信自己会做到的人，以切实的行动、谨慎的规划及不懈的努力而达到结果。

明确的目标让"不可能"失去作用，它是所有成功的起点。不用花一分钱，每个人都可以轻易拥有；只要下定决心，确实执行。

一心一意地专注于你的目标，才能确保成功。思考并且规划你想要追求的目标，完全不去理会任何干扰。这就是所有成功的人所遵循的公式。

规划自己的人生线路

人的一生如此短促，一些小小的成功，固然只需要付出很小的精力及很短的时间，但想要获得较大成就，一定要投入很大的精力及很长的时间。以一天为例，只要集中精力有效利用这一天，日后还是会留有这一天努力的成果。而如果不立目标，人云亦云，改变了最初的打算和自己的生活方式，得过且过，就会一天如此，一周如此，一月如此，一年如此，一生都是如此。

在目标的实现过程中，既有有利条件，也有不利条件，你必须认真分析，从而利用有利条件，克服不利条件，通过认识这些主客观条件去制定实现目标的计划。同时你要了解制定计划、达到目标的过程中自己所必须具备的素质、能力、条件等，找出限制目标实现的阻碍，如性格上的缺陷、情感过于轻浮、做事缺乏头脑，等等。这些都是阻止你前进步伐的绊脚石，你必须先看清楚，正视它们，才能达到使梦想与现实的完美统一的层次。

第一，了解自己想做什么。按愿望关系分类，可将人分为：

(1) 确切知道自己在生活中想做什么并且付诸实施的人。

(2) 不知道也不想知道自己想做什么的人。他们害怕自己有理想。他们说："我实际想要的东西，从来没得到过。所以我干脆也不去想了。"这些人实际上并不知道他们想要做什么。一个愿望刚出现在他们的意识中，就已被他们扼杀在摇篮里："我能做到吗？我有资格做吗？别人将会怎么说呢？如果我不能胜任它，结果会怎样呢？"如果说这些人也想做些什么的话，那也只是别人想做的而不是他们自己想做的。

(3) 看起来非常清楚自己想做什么的人。而实际上他们对此却一无所知。他们与上面提到的两类人的区别在于：他们非常重视给别人留下一种印象，好像他们知道自己想做什么。这使得他们比较自信，看起来也比别人略高一筹。

第二，了解自己能做什么。按自知程度分类，同样可将人划分为 3 类：

(1) 过低估计自己的人。

(2) 无限高估自己的人。

(3) 正确估计自己，能得到他们想要得到的东西。

第三，将愿望和能力、现实相统一。

拥有一份计划的第三点在于，将我们想做和我们能做的与现实相统一。这是因为，只有将我们实现愿望的多种情况都考虑在计划之内，我们的愿望才能得以实现。

简而言之，我们所有的愿望的极限是我们自己。我们应该了解：我们今天是什么，我们今天能做什么。不是别人是什么或者别人能做什么，或者我们自己期盼着明天是什么。要想获得幸福，我们必须动用我们所拥有的一切。大多数人都心存不满，其原因只有一个：他们至今都不懂，如何从自己的生活现实出发，去做得更好。

第四，为了达到目标，必须学会放弃。

当今时代的一个典型特征，就是人们认为他们不应错过生命所赋予他们的一切。那种抑制不住的贪婪欲望促使他们想知道一切，达到一切，拥有一切，搞得自己一生就像是在进行百米赛跑。

为了不错过一切，很多人忽略了这个不容改变的现实：在我们的生活中没有任何东西，绝对没有任何东西，让我们不需要为它付出相应的代价。这种代价就是放弃。

因为我们总是在想我们想得到什么，而不去想为了得到它我们必须放弃什么，所以很多人的一生中都不断地充满了失望。

他们想拥有别人所拥有的一切，想立即拥有并尽可能地拥有。当然他们还想拥有永远的安全，而在这种安全第二天就消失时，他们会感到极度地失望。

为什么会这样呢？

答案既简单又明了：他们制订了一个目标、一个理想、一份计划，但他们没有同时决定为了达到这一目标自己应首先放弃什么。

所以，拥有一份计划，用以消除所有影响，去做有利于我们的幸福、成功和自我实现的唯一正确的事情，这意味着：

人生关键点拨

当你认清了自己的位置，决定了自己的最终目的地，就应该规划自己的人生线路。"条条大道通罗马"，你必须选择最适合自己的路。

一方面我们必须做出决定，什么有利于实现我们的计划，并要毫不犹豫地去实施这份计划。另一方面我们必须决定，尽管有些东西目前看起来十分诱人，却不利于计划的实现，所以必须放弃它们。

规划自己的人生线路，只有从以上4个方面着手，才能勾勒出自己清晰的人生轨迹。

关注本质，把握人生最重要的事

我们每天都在做事，做的事也不尽相同，但我们的做法却只有两种：聪明的和愚蠢的。由此，做事的人也可以分为两种：聪明的和愚蠢的。

聪明的人绝不会像凡夫俗子一样浪费时间，他要以并不长的生命，完成许多一流的事。他不能过凡夫俗子的生活，不能在人生的许多事情上，作凡夫俗子的反应。他必须放弃或减少凡夫俗子的快乐、交友、娱乐、爱恨、争执、答辩和澄清。他必须做到坚忍，不为小事所缠。他有很快分辨出什么是无关事项的能力，然后立刻砍掉它。如果一个人过于努力想把所有的事都做好，他就不能把最重要的事做好。

著名管理学者班尼斯说过："纯管理人也许能把事情做对，但是真正的领导人重视的是做正确的事情。"可是，现代人的一大问题就是做事太随意，注意力分散，分不清轻重缓急。如果碰巧他能力很强，才能够幸运地将错误的事情做很好，并扭转不利的局面，其实这是在无谓地耗费自己有限的时间和感情。"最聪明的人是对那些无关紧要的事情无动于衷的人，但他们对较重要的事务却总是全力以赴。那些太专注小事的人通常会变得对大事无能。"

成功人士都懂得做正确之事的重要性，他们常常推掉一些无关紧要的小事。艾森豪威尔就是一位这样的大人物。

第二次世界大战结束后不久，担任欧洲盟军总司令的艾森豪威尔被委任为哥伦比亚大学校长。副校长安排他听有关部门汇报，考虑到系主任一级人员太多，只安排会见各学院的院长及相关学科的联合部主任，每天见两三位，每位谈半个钟头。

在听了十几位先生的汇报后，艾森豪威尔把副校长找来，不耐烦地问他总共要听多少人的汇报，副校长回答说共有63位。艾森豪威尔大惊："天啊，太多了！先生，你知道我从前做盟军总司令，那是人类有史以来最庞大的一支军队，而我只需接见3位直接指挥的将军，他们的手下我完全不用过问，更不需接见。想不到，做一个大学的校长，竟要接见63位主要的首长。他们谈的，我大部分不懂，但又不能不细心地听他们说下去，这实在是糟蹋了他们宝贵的时间，对学校也没有好处。你订的那张日程表，是不是可以取消了呢？"

艾森豪威尔后来又当选美国总统。一次，他正在打高尔夫球，白宫送来急件要他批示，总统助理事先拟定了"赞成"与"否定"两个批示，只待他挑一个签名即可。谁知他一时不能决定，便在两个批示后各签了个名，说道："请狄克（即副总统尼克松）帮我批一个吧。"然后，若无其事地去打球了。

每个人的时间都是有限的，所以要做正确的事，即你觉得有价值并对你的生命价值、最高目标具有贡献的事情；要少做紧急的事，也就是你或别人认为需要立刻解决的事。消防队的最大贡献应是做好防火工作，而不只是忙于到处救火。因此，作为一个企业的管理者需要做正确的事，而不是正确地做事。

抓住正确的事，一些无关紧要的小事自然会得到解决。一流的人物大都具备无视"小"的能力，在你往前奔跑时，你不可以对路边的蚂蚁、水边的青蛙太在意。如果要先搬掉所有的障碍才行动，那就什么也做不成。许多人整天忙着处理琐碎的事情，总是抱怨挪不出时间做正经事。其实他们的潜意识在逃避做正经事。因为做大事是需要想象力、判断力、勇气和自信的。

人生关键点拨

人生中要做的事很多，你应该将80%的精力投入到20%的本质问题中去，才能让你的人生事半功倍，充实自在。

细分目标，让梦想越走越近

梦想在任何时候都是一种支持生命的力量，失去它生命就会枯竭。梦想，是每一个奋斗者的热烈企盼和向往，是每一个奋斗者为之倾心的夙愿。在它的推动下，人就能够被激励、鞭策，以一种昂扬、激奋的状态去积极进取，向着美好的未来挺进。

人应当志存高远，但梦想也必须是符合内心的渴望并切合实际的。如果你只是含含糊糊地给自己确定一个大概的目标，希望在行动的过程中再加以调整或更改，那么，即便你的目标再远大宏伟也只能是如海市蜃楼般虚无缥缈。

俗语说得好：罗马不是一天建成的。既然一天建不成辉煌的罗马，那就让我们专注于建造罗马的每一天。这样，把每一天连起来，终将会建成一个美丽辉煌的罗马。

美国有个 84 岁的老太太昆丝汀·基顿，1960 年曾轰动了美国。这位高龄的老太太，竟然徒步走遍了整个美国。人们为她的成就感到自豪，也不可思议。

有位记者问她："你是怎么完成徒步走遍美国这个宏大目标的呢？"

老太太的回答是："我的目标只是前面那个小镇。"

基顿老太太的话很有道理，其实，人生亦是如此，我们每个人都希望发现并实现自己的人生目标，如果你能把你的人生目标清楚地表达出来，这样就能帮助你随时集中精力，发挥出你人生进取的最高的效率。只是，一定要记住，你在表达你的人生目标时，一定要以你的实际能力和个人的信念作为基础。因为这有助于你把自己的目标定得具体，且具有现实可行性。

目标必须是具体的可以实现的，这一点很重要。如果计划不具——无法衡量是否实现了——那会降低你的积极性。为什么？因为能够感觉到自己不断接近目标是动力的源泉。如果无法知道自己的目标前进了多少，你准会泄气，甩手不干了。

人生目标，绝非一蹴而就。它是一个不断积累的过程。而一个个量化的具体目标，就是人生成功旅程上的里程碑、驿站。每一个"站点"都是一次评估，一次安慰，一次鼓励，一次加油。

一句话，目标要量化，才能对成功有益。能否量化，是梦想与空想的分水岭。

目标必须实在，而且不要太遥不可及，应该是在能够达得到的范围内，千万不要错认自己应该或能够在一天里建造一座罗马城。如果你今年无法达到你的最终目标，那就先定一个短期的目标吧！

在生活中，许多年轻人念念不忘高位、高薪，并且认为：英雄须有用武之地。然而当他们负责具体工作时，又会从心底里说："如此枯燥、单调的工作，如此毫无前途的职业，根本不值得自己付出全部心血！"当他们面对细微工作时，通常会说："这种平庸的工作，做得再好又有什么意义呢？"渐渐地，他们开始轻视自己的工作，开始厌倦生活。

好高骛远是年轻人普遍存在的一个问题。在实际生活中，却需要我们脚踏实地，时时衡量自己的实力，不断调整自己的方向，一步一步达到自己的目标。

但凡在事业上取得一定成就的人，大都是在简单的工作和低微的职位上一步一步走上来的。他们总能在一些细小的事情中找到个人成长的支点，不断调整自己的心态，用恒久的努力打破困境，走向卓越与伟大。

只有具体、明确并有时限的目标才具有指导行动和激励自己的价值。只有充分地了解自己在特定的时限内完成特定的任务，你才会集中精力，开动脑筋，调动自己和他人的潜力，从而为实现自己的目标而奋斗。如果没有明确具体目标的时限，任何人都难免精神涣散、松松垮垮，要完成自己所制定的目标也就只是一句空话。

人生关键点拨

没有人能一步登天，一口吃个胖子，所以梦想一举成名，一下成为一个成功者是不可能的。因此，真正的成大事者善于化整为零，从大处着眼，从小处着手。

罗伯·舒乐博士曾立志在加州用玻璃建造一座水晶大教堂，他向著名的设计师菲力普·强生表达了自己的构想：

"我要的不是一座普通的教堂，我要在人间建造一座伊甸园。"

强生问他预算，舒乐博士坚定而坦率地说："我现在一分钱也没有，所以100万美元与400万美元的预算对我来说没有区别，重要的是，这座教堂本身要具有足够的魅力来吸引捐款。"

教堂最终的预算为700万美元。700万美元对当时的舒乐博士来说是一个不仅超出了能力范围甚至超出了理解范围的数字。

60天后，舒乐博士用水晶大教堂奇特而美妙的模型打动富商约翰·可林捐出了第一笔100万美元。

第65天，一对倾听了舒乐博士演讲的农民夫妇，捐出了第一笔1000美元。

第90天时，一位被舒乐博士孜孜以求的精神所感动的陌生人，在生日的当天寄给舒乐博士一张100万美元的支票。

8个月后，一名捐款者对舒乐博士说："如果你的诚意与努力能筹到600万美元，剩下的100万美元由我来支付。"

第二年，舒乐博士以每扇 500 美元的价格请求美国人认购水晶大教堂的窗户，付款的办法为每月 50 美元，10 个月付清。6 个月内，1 万多扇窗户全部售出。

1980 年 9 月，历经 12 年，可容纳 1 万多人的水晶大教堂竣工，成为世界建筑史上的奇迹与经典，也成为世界各地前往加州的人必去游览的胜景。

水晶大教堂最终的造价为 2000 万美元，全部是舒乐博士一点一滴筹集而来的。

获取任何成功，都不是一蹴而就的事，都需要采取循序渐进的方法。许多人做事之所以会半途而废，并不是因为困难大，而是与成功距离较远，正是这种心理上的因素导致了失败，把长距离分解成若干个距离段，逐一跨越它，就会轻松许多。

专注于目标，踏实走好每一步

世界上永远没有百分之百、十全十美的选择。不要犹豫，不要彷徨，因为在思考权衡机会的时候，许多机会已不再拥有。

许多时候，你只能选择一个目标，如果你什么都想得到，那么，结果往往是你什么也得不到。

其实每个人都应该找到适合自己的位置，认真做好自己分内的事，不可半途而废，也不可一心二用。只有全力以赴，才可能取得满意的效果。

在平时的工作中，即使业务再忙，文件堆积如山，仍需一一完成。要想一次完成，结果必定一件事都做不好。将目标缩减为一，达成一个目标，再处理下一个目标，循序渐进，工作必获佳绩。

有时，我们面对众多选择时，却只能选择一个。剑桥大学罗伯特·史蒂文森教授指出：只要把你选择的这一个干好、经营好，就是最大的收获，当你什么都想选择时，结果往往是什么也得不到。

有一次，邻居要在客厅里钉一幅画，请亚当来帮忙，画已经在墙上扶好，正准备砸钉子，亚当说："这样不好，最好钉两个木块，把画挂上面。"邻居遵从亚当的意见，让他帮着去找木块。

人生关键点拨

在人生的旅途中，每过一段时期，或每走一段路程，不妨去思考，我去干什么？这样或许可以明确自己是否偏离了目标，是否抓住了目标的根本，从而活得简单些。不至于走得太远，失去现在，失掉自我。

木块很快找来了，正要钉，亚当说："停一停，木块有点大，最好能锯掉点。"于是便四处去找锯子，找来锯子，还没有锯两三下。"不行，这锯子不快了。"他说，"得磨一磨。"

他家有一枚锉刀，于是，他丢下锯子去拿锉刀。锉刀拿来了，他又发现在使用锉刀之前，必须得给锉刀安个把柄才能用。为了给锉刀安把柄，他又去校园边上的一个灌木丛里寻找小树。要砍下小树，他又发现邻居那把生满老锈的斧头实在是不能用，必须得把斧头磨一下。磨刀石找来后，他又发现，要磨快那把老斧头，必须得把磨刀石固定稳。为了固定磨刀石，必须得制作几根固定磨刀石的木条。为此他又到外面去找一位木匠，说木匠家有现成的。然而，这一走，就再也没见他回来。当然了，那幅画，他的邻居还是一边一个钉子把它钉在了墙上。下午再见亚当的时候，是在街上，他正在帮木匠从商店里往外搬一台笨重的电锯。

工作和生活中有多种走不同路而来的人，他们认为要做好一件事，必须得去做前一件事，要做好前一件事，是去做更前面的一件事，他们逆流而上，寻根探底，直至把原始的目的淡忘得一干二净。这种人看似忙忙碌碌，一副辛苦的样子，其实，他们不知道自己在忙什么？起初，个别的人也许知道，然而一旦忙开了，最后，还真的不知怎么了。

人生目标的追求与实现也是同样的道理。如何防止偏离目标？首先在思路上要分清轻与重、缓与急，如果随意地胡乱瞎抓一气，结果只能是"事倍功半"，甚至是"劳而无功"。其次，在决策上要抓住目标的根本去实施和完成，不能不分主次，甚至把力气都使用到次要方面，造成了一事无成的局面。

梦想是成功的开始，只有敢于梦想，善于梦想，并时时刻刻对梦想的实现付诸百折不挠的努力的人才能最终与成功有约。

第三章

性格——
把握性格，掌控命运

　　命运藏在品性中，品性是决定人生的终极力量，只有不断在生活中完善自我、在生命中历练品性，才能把握住人生的本质，体会生命的精髓。作为人性的底蕴所在，品质与性格往往在人生关键时刻的选择中发挥着决定性的作用。勾勒出自己性格的轮廓，让性格不断完善，给自己一片广阔的天地。

命运藏于性格中

　　英国作家毛姆曾说："习惯形成性格，性格决定命运。"人生就是性格的悲喜剧，一个人要想改变自己的命运，就得先改变自己的不良性格，挑战命运，首先要从挑战自己的性格开始。

　　一天，一个牧师正在准备讲道的稿子，他的小儿子却在一边吵闹不休。牧师无奈，便随手拾起一本旧杂志，把夹在里面的一幅世界地图，扯成碎片，丢在地上，说道："小约翰，如果你能拼好这张地图，我就奖励你。"

牧师以为这样会使小约翰花费上午的大部分时间，不会再来影响他的工作。但是没过 10 分钟，儿子就来敲他的房门。牧师看到小约翰手里拿着拼好的地图，感到十分惊奇："孩子，你是怎么拼好的？"

小约翰说："这很容易，在另一面有一个人的照片，我就把这个人的照片拼到一起，然后把它翻过来。我想如果这个人是正确的，那么，这个世界也就是正确的。"牧师给儿子奖励了 2 角 5 分钱，满意地说："你替我准备了明天讲道的题目：如果一个人是正确的，他的世界也就会是正确的。"

所谓一个人的正确，除了正确的人生观和世界观，还包括人的良好性格。如果你的性格是健康的，你的人生也会是快乐的、幸福的；如果你的性格是病态的，那么你的人生也会是痛苦的、忧伤的。如果你想改变你的世界，创造你的辉煌，就必须改变你不良的性格。

人生的悲剧也许归根到底是性格的悲剧，《三国演义》里的关羽，过五关斩六将，英勇无敌，但因性格刚愎自用，终于败走麦城而死。俄国作家果戈理长篇小说《死魂灵》里的泼留希金，他的家财堆积得腐烂发霉，可是贪婪、吝啬的性格促使他每天上街拾破烂，过乞丐般的生活。在现实生活里，性格的悲剧更是屡见不鲜。

孔子说："五十而知天命。"并不是说他已经预先知道了天命，预测到了自己的未来，而是说他已经懂得了自己应该做什么和如何去做，实际上，这就是将外在的命运内化为自己的性格。把握住了自己的性格，也就把握住了所谓的"天命"。

我们的民族，从滥觞之微终成澎湃之势，其底蕴全在民族的文化性格，同样，一个人的一生有什么样的轨迹，也是由他的性格决定的。

唐太宗李世民的气量可谓涵天盖地，因而他的命运也就如日中天，无人能比。然而，当我们敬慕李世民的伟业的时候，是否应该先反省一下自己的性格，察看自己的气量，因为，决定自己命运的东西不是别的，而是自己的性格本身。

人生关键点拨

人生就是性格的一出悲喜剧。我们所要做的不是怨天尤人，不是等待、徘徊，而是塑造自己的性格，把握个人的命运，不要成为性格的牺牲品，一步一步跌入自己导演的悲剧中。

命运是无常的，在它无常的股掌中，却有一个不变的法则——性格决定命运，命运中每一个看似无常的游戏下都隐藏着性格的潜在规则。就像从很小的孔穴能窥见阳光一样，人生的每一小步都能折射出你的性格。

勾勒自己的性格轮廓

认识自己，首先是认识自己的性格，人的性格与事业的成败有着很大的关系。

俗话说："江山易改，本性难移。"一个人的性格具有一定的稳定性。实际上，人的性格并不是不可改变的，尤其是当你的性格阻碍了你的自我发展的时候，自我实现的欲望将逼迫你进行性格的调整和改变。这也就要求我们首先必须清楚地了解自己的性格。

以下 3 种方法可以帮助你分析自我性格：

1. 气质特征分析法

人为什么会有性格上的差异呢？血液是形成性格的基本要素之一。根据血液显示，人的性格有 A、B、AB、O 型等 4 种类型。从血型可以大略推断自己的性格。但是，同为 O 型的人，他的父母都是 O 型，与他的父母分别是 B、O 型的情况，两者也会有微妙的差异。

因此，根据血型分析性格时，必须根据血型内的成分所占的比例来掌握自己性格上的特征。

通常认为，人的气质可分成下列 3 种类型：

(1) 分裂型（自我意识较强）。这种人在酒吧里独自一人静静地饮酒，在办公室里只是一个人在一旁用电脑，不为任何事物所动，在自我领域内绝不让步。

(2) 暴躁型（沉溺于统一步调的世界中）。这种人与同事意见不一致时，内心就会感到不安。平日吵吵嚷嚷地喝酒也无所谓，不拘小节。总之，只要求得到结果就行了。

(3) 黏液型（遵守秩序）。这种人认为会议必须进行得有条不紊。所有的程序、方法、思想方面的问题，他无法接受的，就会追根究底。

集合不同性格类型的人于同一个团体里，为着同一个目标而努力的组织就是企业。企业里的每一个人都有各自的主张、做法与价值观，因此会有年龄上的隔阂、能力上的差距与经验上的差别。能够确实地掌握自己的性格，必定有助于认识自我。

2. 社会行为分析法

卡耐基认为，一个人要能掌握内心自我的部分与外在表现的部分，可以通过他的社会交际行为来间接认识自己的性格。

人在一个完全陌生的环境中，往往会不知所措。相反，若是在一个熟悉而且人们之间相当亲近的环境，他就会提高自信心，会感到快乐。这种现象我们常常会看到。因此，首先不妨去了解你在别人的眼里是什么样的性格。

当然，自我评价与他人评价一致的人，简直太少了，所以即使两者差别很大，也不必太悲观。

3. 个人行为分析法

认识他人性格最迅速的方法，就是考察他的个人行动，简易的心理测验或性格测验也是有效的方法之一。

卡耐基做过一个试验，将性格相近的人编成一组，然后确定一个主题，设定时间，分别交给每一组，在不同的房间里各自讨论。

其结果显示，能在限定时间内讲出结果的小组，通常都是暴躁型气质的人，而其他小组都是在超过时间之后才有结论。

暴躁型气质强烈的人不太喜欢争执，他们具备"好吧！先就这么办！做做看再说！"的倾向，所以很快就有结论。

分裂型气质的人往往对于个人不满意的结果绝不认同，因此常常发生争执。

黏液型气质的人也是一样，他们甚至对于讨论进行的方式，或领导者的选举法等细节，都会发生争议。

人生关键点拨

每个人对于自己的性格都有所了解，但又缺乏全面的认识。"不识庐山真面目，只缘身在此山中"，跳出自我的局限，客观看待自己性格中的优势和缺陷，才能在为人处世中不断完善自我。

分裂型与黏液型气质的小组，会针对分歧的意见加以讨论协调，所以他们的结论得出得较晚，但比较扎实。暴躁型气质的小组虽然在较短时间内完成讨论，但由于商讨不够周详而得出的结论，会受到其他两组人员的激烈反驳，他们通常就以强调确实的时间管理，来掩饰内容上的贫乏。

无论用何种方法，都是为了让人们对自己的性格特征有更进一步的认识，对自己的性格轮廓了然于心，这样才能够在人际交往与做人做事中游刃有余，进退得当。

人无完人，正视性格弱点

不良的性格能给人带来悲剧，那么良好的性格必然能给人带来人生的辉煌。

当代杰出的女作家冰心，一生淡泊名利，生活上崇尚简朴，不奢求过高的物质享受。文坛上无谓的斗争，与她无关，在平和的环境中与人相处，在微笑中勤奋写作。她的健康长寿，事业辉煌都得益于开朗、豁达的性格。苏格拉底是一位具有良好性格的伟大哲人，他的妻子心胸狭窄，整天唠叨不休，动辄破口骂人。一次，她大发雷霆后，又向苏格拉底头上泼了一盆冷水，苏格拉底幽默地说："雷鸣之后，免不了一场大雨。"试想，要是遇上别人，不被这位恶妇气死，也会患上精神分裂症。但苏格拉底却从妻子的牢骚中净化自己的精神，磨炼自己豁达大度的性格。

人的性格很难改变，但易受后天环境的影响。居里夫人说："我并非生来就是一个性情温和的人。许多像我一样敏感的人，甚至受了一言半语的呵责，也会过分的懊恼。"她说，她受丈夫居里温和性格的影响，也学会了宽以待人。她确信，一个具有良好性格的丈夫会在不知不觉中影响和提高妻子的心灵品性。据居里夫人自己介绍，她还从日常种种琐事，如栽花、种树、建筑、朗诵诗歌、眺望星辰中，培养出一种沉静的性格。民族英雄林则徐为了改掉自己急躁的性格，容易发怒的脾气，在书房醒目处挂起自己亲笔书写的"制怒"的横匾，以此自警自戒，陶冶自己的情操。

本杰明·富兰克林不仅对美国的独立战争和科学发明有过重大的贡献，还因为他有很强的自我意识能力和良好的性格，给后人树立了光辉的榜样。有人曾批评富兰克林自负骄傲，他认真反思后，给自己立下了一条规矩：绝不正面反对别人的意见，也不准自己武断行事。他还给自己提出了具体改正的要求。他说："今后我不准许自己在文字或语言上措辞太肯定，我不说'当然'、'无'等，而改用'我想'、'我假设'或'我想象'。当别人陈述一件我不以为然的事时，我绝不立

人生关键点拨

人虽然不能控制先天的遗传因素，但有能力掌握和改变自己的性格。因为人可以自己拯救自己，自己塑造自己，自己驾驭自己。

刻驳斥他，或立即指正他的错误，我听完陈述后会在回答的时候说：'你的意见没有错，但在目前情况下，还需要再斟酌。'"富兰克林就是用这种方法克服自己性格中的缺陷，这也正是他成功的一个秘诀。

找到性格的闪光点

对任何人而言，做任何事情都与性格有关，是性格在决定着我们对事对人的态度，是性格在决定着我们为人处世的方向，是性格在决定着我们是否能争取到新的机会等，以至于有人认为"性格就是命运"。性格何以对成功如此重要呢？

这是因为它和德、识、才、学等因素一样，同是构成一个人内在因素的重要组成部分。一般来说：德，反映着一个人的思想品质和道德风貌，决定着个人的发展方向。识，反映着个人判断事物、分析事物的准确性和深刻程度。才，反映着个人在能力素质上的强弱程度。学，反映着一个人知识的广度和深度。而性格，则反映着个人的胸襟、度量、意志、脾气和性情，影响着个人的精神状态，决定着个人的行为特征。这五方面的因素，共同组成一个人的内在素质。而任何人对自己行为的指导和支配，都是由其整个内在素质共

同起作用的，其中任何一方面的缺陷都会使整个内在素质遭到削弱。

现代许多科学家认为，只要充分发挥每个人自身的才能潜力，大部分人都有可能成为科学家和发明家。然而事实上，能够有所发现、有所发明、有所创造的人太少了。造成人们才能埋没的，有多方面的原因，而不良性格就是其中的一项。

一个人要把自己的才能充分发掘出来，必须具备一定的优良性格。

人们对有创造能力的科学家研究发现，这些人都具有不同常人的性格特征，这些性格特征表现为：

(1)具有恒心、韧劲和毅力的持续性。他们都能长期从事极为艰苦的工作，甚至在看来希望渺茫的情况下，仍然坚持到底。

(2)儿童时代就具有顽强追求知识的欲望。他们幼小时常常对难以想象的新奇东西看得着了迷，不管要挨多么严厉的训斥，但受好奇心的驱使，总想去试试。

(3)具有鲜明的自立、自主的独立倾向和独创性格。留心周围的事物和见解，但不轻易相信，凡事有主见，不以别人指示的方法，作为自己工作的准则。

(4)有雄心，肯努力，不甘虚度一生，想为世间留下一点卓著的业绩。

(5)充满自信，敢于坚持自己的意见，同时和他人开展热烈的争论，而且在争论中常常有居支配地位的倾向。

(6)精力充沛，干劲大，工作中始终充满着热情。

凡是在科学上有所造就，智力、才能得到充分发挥的人，都有其一定的性格方面的条件。优良的性格，是保证我们的智力、才能得到充分发挥的必不可少的条件。

事业上的成功离不开良好的性格品质，个人生活上的成功更离不开良好的性格。具备良好性格才能有充实幸福的人生。一个人

人生关键点拨

无论在学习或生活中，遇到挫折和困难，你都要时刻提醒自己坚持下去。既然认定是应该做的事，就要毅然决定，义无反顾，这样的人性格怎会不刚毅？以宽容之心对待身边的人，以严格之心要求自己，不断地播下好性格的种子，终能收获自己憧憬的命运。

对学习充满热情，就会发现学习中的乐趣。对集体利益充满热情，他的才华就会在集体中充分展示。对他人多一份关心与帮助，就会更多地得到别人的帮助与支持。以宽容和诚实之心对待别人，就会得到珍贵的友情、爱情、亲情、师生情。性格勇敢坚强，就不会为生活中的挫折所烦恼。性格乐观则能更多地感受生活中阳光的温暖。幸福是一种对生活的体验。态度不同，性格不同，对幸福的体验就会不同。命运本身也许并无好坏，人以什么态度来对待它，才是命运好坏的根本原因。

性格具有很大的可塑性。良好性格的形成更离不开个人的主观努力。只要从小事做起，从现在做起，从身边做起，就可以逐渐形成良好的性格。

坚持本色，让自己与众不同

俄国作家契诃夫说得好："有大狗，也有小狗。小狗不该因为大狗的存在而心慌意乱。所有的狗都应当叫，就让它们各自用自己的声音叫好了。"人们惯于模仿，既出于一种惰性，更出于对先贤圣哲的追捧。但是对好的东西的模仿很容易堕落成一种媚俗，失去自我，人为我为，而且在先贤们和周围人的压力下，大概没有人敢喊出自己的声音。

欧文·柏林与乔治·格希文第一次会面时，柏林已是声誉卓著的作曲家，而格希文却只是个默默无名的年轻作曲家。柏林很欣赏格希文的才华，以格希文所能赚的 3 倍薪水请他做音乐秘书。可同时也劝告格希文："不要接受这份工作，如果你接受了，最多只能成为欧文·柏林第二。要是你能坚持下去，有一天，你会成为第一流的格希文。"

莎士比亚曾经说过："你是独一无二的。"一个人只懂得模仿他人最终的结果只有一个——失去个性。而个性是人之为人的最基本因素，没有个性便没有独立的人格，没有深邃的思想，更没有创造力。

卓别林开始拍电影的时候，那些电影导演都坚持要卓别林学当时非常有名的一个德国喜剧演员，可是卓别林直到创造出一套自己的表演方法之后，才开始成名。鲍勃·霍伯也有相同的经验。他多年来一直在演歌舞片，结果

人生关键点拨

本色其实就在你身上，你只需动动脑，努努力，就能把它充分挖掘出来，保持本色，让自己与众不同，像所有成功者那样，在创造中成就自己的事业。

毫无成绩，一直到他发展出自己的笑话本事之后，才成名。威尔·罗吉斯在一个杂耍团里，不说话光表演抛绳技术，继续了好多年，最后他才发现自己在讲幽默笑话上有特殊的天分，他开始在耍绳表演的时候说话，才获得成功。

曾是一个从密苏里州来的很平凡的乡下女孩玛丽·玛格丽特·麦克布蕾刚刚进入广播界的时候，想做一个爱尔兰喜剧学员，结果失败了。后来她发挥了自己的本色，成为纽约最受欢迎的广播明星。

金奥特雷刚出道之时，想要改掉德克萨斯的乡音，为了表现得像个城里的绅士，便自称为纽约人，结果大家都在背后耻笑他。后来，他开始弹奏五弦琴，唱他的西部歌曲，开始了演艺生涯，成为在电影和广播两方面最有名的西部歌星之一。

可想而知，如果这些人刻意模仿，失去自己的本色，恐怕永远不能得到幸运女神的垂青，更不会享誉全世界。无论何时何地，你都要努力创造，学会从得到中失去，从失去中获得，做一个时代的新人。永远不要打"模仿"的如意算盘，指望它来扶助你获取成功。这个错误的念头，只会给你带来失败的征兆，让你一生平庸。

不要说自己没有创造力，只能模仿他人的丧气话，那是自欺欺人，给自己寻找不成功的理由。上天是公平的，它在赋予人们不同命运的同时，也将不同的天资潜入到每个人的身体里面。

学会有原则的宽容

做人应该宽容，严于律己，宽以待人，但宽容也不能丧失原则。关于这一点，圣人先贤曾有一段寓意深长的教诲：

子曰："孰谓微生高直？或乞醯（醋）焉，乞诸其邻而与之。"，"或曰：以德报怨，何如？子曰：何以报德？以直报怨，以德报德。"

人家说微生高这个人很直爽、坦率，但是孔子认为大家的话说过分了，他并没有符合这种修养。有人向他要一杯醋浆，他没有，自己便到别人家去要一杯醋来，再转给这个要醋的朋友。孔子认为这样的行为固然很好，很讲义气，但不算是直道。直道的人，有就是有，没有就是没有，不必转这个弯。

结合不同的宗教教义进一步解释孔子的"报怨"观点，"以直报怨"，以直道而行。是是非非，善善恶恶，对我好的当然对他好，对我不好的当然不理他，这是孔子主张明辨是非的思想，但要告诉对方错在何处，并要求对方就其过错补偿。如果不论是非，就不能确定何为直，"以直报怨"的"直"不是直接的意思，以怨报怨才是直接的方式。"直"，既要有道理，也要告诉对方，你哪里错了，侵犯了我什么地方。

经济学家茅于轼陪一位外国朋友去首都机场，并打了辆出租车，等到从机场回来，他发现司机做了小小的手脚，没按往返计费，而是按"单程"的标准来计价，多算了 60 元钱。这时候有三种方法可以选择：一是向主管部门告发这个司机，那么他不但收不到这笔车费，还将被处罚；二是自认倒霉，算了；三是指出其错误，按应付的价钱付费。

外国朋友建议用第一种办法，茅于轼选择了第三种。他说，这是一种有原则的宽容，我不会以怨报怨，也不会以德报怨，而是以直报怨。如我仅还以德，他还会错下去，实则纵容他；我若还以怨，斤斤计较，大家的效率都低下；我指出他的错误，然后公平地对待他。

生活中人们不可避免地会被他人侵犯、伤害或妨碍，有的人可能是无意中冒犯了你，有的人可能是为了某种原因冲撞了你，有的人可能是为了一些蝇头小利而让你反感。这些算不上大奸大恶的小事，多是道德领域中的事，未必能达到法律的高度。咽下去，心

人生关键点拨

宽容不是纵容，不要让有错误的人得寸进尺，把错误当成理所当然的权利，继续侵占原本不属于自己的空间。挑明应遵守的原则，柔中带刚，思圆行方，可以宽容错误的行为，但要改正他的错误。

有不甘；针锋相对，实在不值。

有人开玩笑地说："以德报德是正常现象；以怨报怨是平常现象；以怨报德是反常现象；以德报怨是超常现象。"以怨报怨，最终得到的是怨气的平方；以德报怨，除非真的到达一定境界，否则只会让你心中不知不觉存积更多的怨。其实，做人只要以直报怨，以有原则的宽容待人，问心无愧即可。

尊重自己，尊重别人

如今已是某保险公司股东会成员之一的雅茵回忆起她的成功经历时说，她所卖出的数额最大的一张保单不是在她经验丰富，工作成熟后，也不是在觥筹交错中谈成的，而是在她第一次出门推销的时候。

星际电子是当地最大的一家合资电子企业，雅茵对这样的企业有些敬畏，不太敢进去，毕竟那是她第一次推销。

犹豫很久之后她还是进去了，整个楼层只有外方经理在。

"你找谁?"他的声音很冷漠。

"是这样的，我是保险公司的业务员,这是我的名片。"雅茵双手递上名片，并没有抱多大的希望。在学校和老外没少打交道，可眼前这老外是个洋老板，而且是个不太老的老板，感觉就有些两样。

"推销保险? 今天已经是第 10 个了，谢谢你，或许我会考虑，但现在我很忙。"老外的发音直直的，像线一样，平淡得就像语言机器人发出的声音。

雅茵本来也不指望那天能卖出保险，所以毫不犹豫地说了声"sorry"就离开了。如果不是她走到楼梯拐角处下意识地回了一下头，或许她就这么走了，以后也不会有任何事情发生。

雅茵回了一下头，看见自己的名片被那个老外一撕就扔进了废纸篓里，雅茵感到非常气愤。

于是她转身回去，用英语对那个老外说："先生，对不起，如果你不打算现在考虑买保险的话，请问我可不可以要回我的名片?"

老外微微一愣，旋即平静了，耸耸肩问她:"why ?"

"没有特别的原因，上面印有我的名字和职业，我想要回来。"

"对不起，小姐，你的名片让我不小心洒上墨水了，不适合还给你了。"

"如果真的洒上墨水，也请你还给我好吗？"雅茵看了一眼废纸篓。

过了一会儿，老外仿佛有了好主意："OK，这样吧，请问你们印一张名片的费用是多少？"

"5角，问这个干什么？"雅茵有些奇怪。

"OK，OK。"他拿出钱夹，在里面找了片刻，抽出一张1元的："小姐，真的很对不起，我没有5角零钱，这张是我赔偿你名片的，可以吗？"

雅茵想夺过那1元钱，撕个稀烂，告诉他她不稀罕他的破钱，告诉他尽管她们是做保险推销的，可也是有尊严的。但是她忍住了。

她礼貌地接过1元钱，然后从包里抽出一张名片给了他："先生，很对不起，我也没有五角的零钱，这张名片算我找给你的钱，请您看清我的职业和我的名字。这不是一个适合进废纸篓的职业，也不是一个应该进废纸篓的名字。"

说完这些，雅茵头也不回地转身走了。

没想到第二天，雅茵就接到了那个外方经理的电话，约她去他办公室。

雅茵几乎是趾高气扬地去了，打算再次和他理论一番。但是他告诉雅茵的是他打算从她这里为全体职工购买保险。

在工作中，只有自己尊重自己，才会赢得别人的尊重。

小林曾经在美国的一家快餐店打工，有一天，她错把一小包糖当作咖啡伴侣给了一个女顾客。女顾客非常恼火，因为她很胖，正在减肥，必须禁食糖和一切甜点心。她大声嚷嚷，简直把那包糖当成了毒药："哼，她竟然给我糖！难道她还嫌我不够胖？！"

那时，小林完全不懂减肥对美国人有多么重要，她愣在那里，不知所措。

这时，黑人女经理闻声而来，她在小林耳边轻轻地说："如果我是你，马上道歉，把她要的快给她，并且把钱退还她。"

小林照着做了，再三道歉，那女顾客哼哼几下就不出声了。这件事是快餐店的一次小事故，小林等着经理来批评自己。可是，她只是过来对小林说："如果我是你，下班后我会把这些东西认认真真熟悉一下，以后就不会拿错了。"

不知为什么，这一句"如果我是你"，竟令小林十分感动。后来，她在

人生关键点拨

承认对方的重要性，并由衷地给对方以尊重，就能化解许多冲突和紧张。只要你能随时随地尊重他人，就会给自己的人际交往带来神奇的效果。如果你遵循了这一法则，就会给自己创造出和谐、快乐的人生；如果你违反了这条法则，就会陷入无止境的挫折和沮丧中。

学校上课，在其他地方打工，才发现，老师也好，老板也好，明明是对你提出不同意见，明明是批评你，但是他们很少有人会直截了当地说你怎么做成这样？你以后不能这么干！而是常常委婉地说："如果我是你，我大概会这样做……"这使人不感到难堪，不感到沮丧，反而让你感到有那么点温暖，那么点鼓励。仔细分析，他们说的话只是多了那么几个字，"如果我是你……"就一下子站到了对方的立场。大家一平等，情绪自然不会对立，沟通更容易进行。

那时小林反复想，奇怪，老美怎么就这么会做人？他们真会说话。后来碰到一件事，使小林有了新的认识。有一次，她去好莱坞一个美国演员家做清洁工。女主人给他布置完工作，突然问她："我能够吸烟吗？"小林吃了一惊，说："你是在问我？"她说："是啊，我想抽支烟。"小林说："这是你的家呀，怎么还要问我？"她说："吸烟会妨碍你，当然应该得到你允许。"小林赶忙说："你以后不用问，尽管吸好啦！"

她这才拿起烟把它点燃。那天，小林愣了许久，也想了许久。怎么这么奇怪？一个人在自己家里抽烟，还要温文尔雅地来征求一个清洁工的同意，真是匪夷所思！然而，小林不得不承认，那一刻，她非常高兴，非常感动，因为自己被当作一个真正的人来尊重。

人类行为有一条重要的法则，那就是："尊重他人，满足对方的自我成就感，那么对方就会尊重你并满足你的需要。"就像实用主义哲学家杜威所说："人类最迫切的愿望，就是希望自己能受到别人的重视。"

一位企业家说："假如你尊重一个人，这个人就是很容易诱导的，尤其当你显示出你尊重他是因为他有某种能力时。"实际上，每个人都有优点和长处，每个人也都应当获得他人的尊重。

豁达，给生命一片广阔天地

落英在晚春凋零，来年又灿烂一片；黄叶在秋风中飘落，春天又焕发出勃勃生机。具有豁达性格的人，即使在生命僵死之处，也能看到流过的法则，他们眼睛里流露出来的光彩会使整个人生都溢彩流光。在这种光彩之下，寒冷会变成温暖，痛苦会变成舒适。这种性格使智慧更加熠熠生辉，使美德更加迷人灿烂，使人性更加完美伟大。

曾经有句格言，"一滴蜂蜜比一加仑的胆汁更能吸引苍蝇"。如果你想说服一个人，首先要以一颗豁达明理之心来看待他的所言所行，然后才能晓之以理动之以情。

有一则有关太阳和风的寓言。太阳和风在争论谁更强更有力，风说："我来证明我更有力量。看到那儿一个穿大衣的老头吗？我打赌我能比你更快使他脱掉大衣。"

于是太阳躲到云后，风就开始吹起来，愈吹愈大，如同一场飓风。但是风吹得愈急，老人愈把大衣紧裹在身上。

终于，风平息下来，放弃了。然后太阳从云后露面，开始以它温煦的微笑照着老人。不久，老人开始擦汗，脱掉大衣。太阳对风说，温和和友善总是要比愤怒和暴力更强更有力。

古老的寓言依旧合乎现代的逻辑。豁达的态度，更能使一个人摈弃成见，抛下私我而面对理性，这是人性的自然流露。

豁达是通往幸福人生的大道，人生注定是一条坎途，一条不以任何人的意志为转移的路途，人这一辈子，与其悲悲戚戚、郁郁寡欢地过，倒不如痛痛快快、潇潇洒洒地活。可人生一世，那么多的风风雨雨，坎坎坷坷，怎样才能活得洒脱自在呢？豁达就是这其中的奥秘。豁达是一种超脱，是自我精神的解放。人要是成天被名利缠得牢牢的，得失算得精精的，树叶掉下来悲悲伤伤的，那还谈何超脱与豁达？豁达就要有点豪气，乍暖还寒寻常事，淡妆浓抹总相宜。

凡事到了淡，就到了最高境界，天高云淡，一片光明。人肯定要有追求，追求是一回事，结果是一回事。记住一句话：事物的发展变化必须符合时空条件，有"时"无"空"，有"空"无"时"都不行。人活得累，是心累，常唠叨这几句话就会轻松得多："功名利禄四道墙，人人翻滚跑得忙；若是你能看得穿，一生快活不嫌长。"

豁达是一种宽容。恢宏大度，胸无芥蒂，肚大能容，海纳百川。飞短流长怎么样，黑云压城又怎么样？心中自有一束不灭的阳光。以风清月明的态度，从从容容地对待一切，待到廓清云雾，必定是柳暗花明。

豁达是一种开朗。豁达的人，心大，心宽，悲愁痛苦的情绪，都在嬉笑怒骂、大喊大叫中被撕得粉碎。世界上的事不都是公平的，我们要按生活本来的面目看生活，而不是按着自己的意愿看生活。风和日丽，你要欣赏，狂风暴雨，你也要品尝，这才自然，你才不会有太多牢骚，太多不平。不过，"月有阴晴圆缺"对谁都一样，"十年河东，十年河西"，一切都会随着时间的推移而变化。阴阳对峙，此消彼长，升降出入，这就是生机！你还有什么放不下的？

豁达是一种自信，人要是没有精神支撑，剩下的就是一具皮囊。人的这个精神就是自信，自信就是力量。自信给人智勇，自信可以使人消除烦恼，自信可以使人摆脱困境，有了自信，就充满了光明。

人生不售回程票，在人生的旅途中，只有豁达的人才能活出幸福，他们能随时随地背起自己的行囊，奔向远方陌生的旅程。

幸福的人只记得一生中满足之处，不幸的人则只记得相反的内容。

三伏天，禅院的草地枯黄了一大片。"快撒点草种子吧！好难看哪！"小和尚说。

师父挥挥手："随时！"

中秋，师父买了一包草籽，叫小和尚去播种。

秋风起，草籽边撒、边飘。"不好了！好多种子都被吹飞了。"小和尚喊。

"没关系，吹走的多半是空的，撒下去也发不了芽。"师父说，"随性！"

撒完种子，跟着就飞来几只小鸟啄食。"要命了！种子都被鸟吃了！"小和尚急得跺脚。

"没关系！种子多，吃不完！"师父说，"随遇！"

半夜一阵骤雨，小和尚早晨冲进禅房："师父！这下真完了！好多草籽被雨冲走了！"

"冲到哪儿，就在哪儿发芽！"师父说，"随缘！"

一个星期过去了，原本光秃的地面，居然长出许多青翠的草茵。一些原来没播种的角落，也泛出了绿意。

小和尚高兴得直拍手。

师父点头："随喜！"

随不是跟随，是顺其自然，不怨恨、不躁进、不过度、不强求。

随不是随便，是把握机缘，不悲观、不刻板、不慌乱、不忘形。

不要幻想生活总是那么圆圆满满，也不要幻想在生活的四季中都享受春天，每个人的一生都注定要跋涉沟沟坎坎，品尝苦涩与无奈，经历挫折与失意。

在漫漫旅途中，失意并不可怕，受挫也无须忧伤。只要心中的信念没有萎缩，只要

人生关键点拨

一个人的性格，往往在大胆中蕴涵了鲁莽，在谨慎中伴随着犹豫，在聪明中体现了狡猾，在固执中折射出坚强，羞怯会成为一种美好的温柔，暴躁会表现一种力量与激情，但无论如何，豁达，对于任何人，都会赋予他们一种完美的色彩。豁达是一种健康的待人处事的方式，也是一种良好的人生态度。

自己的季节没有严冬，即使寒风凄厉，即使大雪纷飞。艰难险阻是人生对你另一种形式的馈赠，坑坑洼洼也是对你意志的磨砺和考验。这何尝不是一种达观，一种洒脱，一份人生的成熟，一份人情的练达。

这种洒脱人生，不是玩世不恭，更不是自暴自弃，洒脱是一种思想上的轻装，洒脱是一种目光的超前。有洒脱才不会终日郁郁寡欢，有洒脱才不觉得人生活得太累。

懂得了这一点，我们才不至于对生活求全责备，才不会在受挫之后彷徨失意。

懂得了这一点，我们才能挺起刚劲的脊梁，披着温柔的阳光，找到充满希望的起点。

果断而不莽撞，让生活简单利落

当有人问亚历山大大帝是如何征服世界的时候，他回答说，他只是毫不迟疑地去做这件事。

那些总是摇摆不定、犹豫不决的人肯定是个性软弱、没有生气的人，他们最终将一事无成。因此，试图面面俱到、万事平衡的人做出的无益而琐碎的分析，是抓不住事物本质的。决策最好是决定性的、不可更改的，一旦做出之后就要用所有的力量去执行，就算有时会犯错，也比那种事事求平衡、总是思来想去和拖延不决的习惯要好。

人生充满了选择，不管是读书、创业或婚姻，我们总要在几个可供选择的方案中，作一"赌注式"的决断。对于我们所选择的结果究竟是好是坏，也往往没有明确的答案。机会难得，再回头重新来过，是绝不可能的。因此，我们可以说：决断是各种考验的交集。

其实，上天并未特别照顾那些抓住机会的幸运者，只不过是他们一再对问题苦思对策，并毫不犹豫地去做，因而获得了机会之神的青睐。

拿破仑之所以能够建立一代帝国，就是因为他在紧急情况下总是立即实行自己认为最明智的做法，而牺牲了其他所有可能的计划和目标，他从不允许其他的计划和目标来不断地扰乱自己的思维和行动。这是一种有效的方法，充分体现了勇敢决断的力量。换句话说，也就是要立即选择最明智的做法和计划，而放弃其他所有可能的行动方案。

决断并非一意孤行的"盲断"，也非逞一时之快的"妄断"，更非一手遮天的"专断"。决断除了要有客观的事实根据、出众的预见性眼光外，同时更要有决心与魄力。

莎士比亚说："我记得，当恺撒说'做这个'时，就意味着事情已经做了。"英国著名女作家乔治·艾略特则这样判断一个人："等到事情有了确定的结果才肯做事的人，永远都不可能成就大事。"

总之，果断决策对我们非常重要。快速的决策和异常的胆略使许多成功人士渡过了危机和难关，而关键时刻的优柔寡断只能带来灾难性的后果。

对于生活中所碰到的实际问题，你不可能总是处理正确，趋利避害。但是假如你遇事不是优柔寡断，举棋不定，而是采取果断行事的原则，你会将可能发生的错误减少到最小。

有些人简直优柔寡断到无可救药的地步，他们不敢决定任何一种事情，不敢担负起应负的责任。而之所以这样，是因为他们不知道事情的结果会怎样——究竟是好是坏，是凶是吉。

他们常常对自己的决断产生怀疑，不敢相信自己能解决重要的事情，因为犹豫不决，他们往往失去很多难得的东西。优柔寡断的人往往不是有毅力的人。优柔寡断还可能破坏一个人的自信心和判断力，并大大消损他的精力。

对于想成功的人来说，犹豫不决、优柔寡断是一个阴险的敌人。它可能在其他不利因素伤害你、破坏你、限制你之前，就把你置于无法自拔的境地。不要再等待、再犹豫，决不要等到明天，今天就应该开始。要逼迫自己训练一种遇事果断坚定、迅速决策的能力，对于任何事情切不要犹豫不决。

其实在人们做出的所有决定中，较少复杂的事情，在决断之前需要从各方面来加以权衡和考虑，要充分调到自己的常识知识，进行最后的判断。

而对于大部分事情，在作决定的时候都要做到：一旦打定主意，就决不更改，不再留给自己回头考虑、准备后退的余地。一旦决策，就要断绝自己的后路。只有这样做，才能养成坚决果断的习惯。这样做既可以增强人的自信，同时也能得到他人的信赖。

人生关键点拨

决策果断的人，在作决定时难免会发生错误，但是因为自信，再加上以后经验、阅历的增加，会弥补错误决策可能带来的损失。他们要比那些简直不敢开始工作，做事处处犹豫、时时小心的人强得多。做一个决策果断的人，会为你带来别人的尊重，也会给你带来成功。

第四章

心态——
乐观在天堂，悲观在地狱

　　幸福的标准是自己设定的，积极或消极，得意或失意，心态如何摆放，生活便如何演绎，或许人生不能尽如人意，但主动权却在自己手中。微笑着面对人生，坦然应对成败，把握住自己的心，才能掌控手中的世界。

心态拼出人生的地图

　　"倘若你用心去寻找，你就总能发现美好的事物。要将你的思想集中在生活中那些善良、美好、真实的事物上，而不是相反方面。这种对于生活和生活中人们的积极、仁爱的态度，将帮助你充分地发挥旺盛的生命力和运用神奇的魔力去打开一切成功之门。"以上是丽贝卡·克拉克所著《突破》中的一段话。如果说一个人的心灵是放映机的话，那么，你的心态则是胶卷，而人生就是放映在银幕上的电影。所谓"心生，则种种法生；心灭，则种种法灭"。

心态影响生活中的一切，一旦你统治了你的心灵，你就能统治整个世界。

一个女儿对她的父亲抱怨，说她的生命是如何如何痛苦、无助，她是多么想要健康地走下去，但是她已失去方向，整个人惶惶然，只想放弃。她已厌烦了抗拒、挣扎，但是问题似乎一个接着一个，让她毫无招架之力。

父亲二话不说，拉起心爱的女儿，走向厨房。他烧了三锅水，当水滚了之后，他在第一个锅子里放进萝卜，第二个锅子里放了一颗蛋，第三个锅子里则放进了咖啡。

女儿望着父亲，不知所以然，而父亲则只是温柔地握着她的手，示意她不要说话，静静地看着滚烫的水，煮着锅里的萝卜、蛋和咖啡。一段时间过后，父亲把锅里的萝卜、蛋捞起来各放进碗中，把咖啡滤过倒进杯子，问："你看到了什么？"

女儿说："萝卜、蛋和咖啡。"

父亲把女儿拉近，要女儿摸摸经过沸水烧煮的萝卜，萝卜已被煮得软烂，他要女儿拿起一颗蛋，敲碎薄硬的蛋壳，她细心地观察着这颗水煮蛋；然后，他要女儿尝尝咖啡，女儿笑起来，喝着咖啡，闻到浓浓的香味。

女儿谦虚恭敬地问："爸，这是什么意思？"

父亲解释：这三样东西面对相同的环境，也就是滚烫的水，反应却各不同相，原本粗硬、坚实的萝卜，在滚水中却变软了，虚烂了；这个蛋原本非常脆弱，这那薄硬的外壳起初保护了它液体似的蛋黄和蛋清，但是经过滚水的沸腾之后，蛋壳内却变硬了；而粉末似的咖啡却非常特别，在滚烫的热水中，它竟然改变了水。

"你呢？我的女儿，你是什么？"父亲慈爱地问虽已长大成人，却一时失去勇气的女儿，"当逆境来到你的门前，你作何反应呢？你是看似坚强的萝卜，但痛苦与逆境到来时却变得软弱，失去力量吗？或者你原本是一颗蛋，有着柔顺易变的心？你是否原是一个有弹性、有潜力的灵魂，但是却在经历死亡、分离、困境之后，变得僵硬顽强？或者，你就像是咖啡？咖啡将那带来痛苦的沸水改变了，当它的温度高升到一百度时，水变成了美味的咖啡，当水沸腾到最高点时，它就愈加美味。

"如果你像咖啡，当逆境到来、一切不如意时，你就会变得更好，而且将外在的一切转变得更加令人欢喜，懂吗？我的宝贝女儿？是让逆境摧折你，还是你来转变，让身边的一切事物感觉更美好、更善良？"

面对人生中这杯滚烫的水，你的反应不同决定了你的人生最终变成什么样。人要好好地生活，但却不能被生活所俘虏，生活中会遇到许多意想不到的事情，有激动和震荡，有高潮和低潮，对那些被积极的心态所激励，想成为成功者的人来说，不管人生给了他多么痛苦不堪的际遇，他都能在黑暗中看到光明。

美国联合保险公司有一位名叫艾伦的推销员，他很想当公司的明星推销员。因此，他不断从励志书籍和杂志中培养积极的心态。有一次，他陷入了困境，这是对他平时进行积极心态训练的一次考验。

那是一个寒冷的冬天，艾伦在威斯康星州一个城市里的某个街区推销保险单，但却没有一次成功。他自己觉得很不满意，但当时他这种不满是积极心态下的不满。他想起过去读过一些保持积极心境的法则。第二天，他在出发之前对同事讲述了自己昨天的失败，并且对他们说："你们等着瞧吧，今天我会再次拜访那些顾客，我会售出比你们售出总和还多的保险单。"

基于这个信念，艾伦回到那个街区，又访问了前一天同他谈过话的每个人，结果售出了 66 张新的事故保险单。这确实是了不起的成绩，而这个成绩是他当时所处的困境带来的，因为在这之前，他曾在风雪交加的天气里挨家挨户走了 8 个多小时而一无所获。但艾伦能够把这种对大多数人来说都会感到的沮丧，变成第二天激励自己的动力，结果如愿以偿。

事业或学业成功的人，往往都能够充分运用积极心态的力量。人人都希望成功会不期而至，但绝大多数人并没有这样的运气或条件。就是有了这些条件或运气，我们也可能感觉不出来。很明显的东西往往容易被人忽略，每个人的积极心态就是他的长处，这是毫不神秘的东西。

克莱门特·斯通指出：人的心态是随着环境的变化，自然地形成积极和消极两种的。思想与任何一种心态结合，都会形成一种"磁性"

人生关键点拨

心境由自己决定，即使在相同境遇和环境中一起长大的人也会有人觉得不幸，有人觉得幸福，心态拼出人生的地图，只有人对了，世界才是对的。

力量，这种力量能吸引其他类似的或相关的思想。

这种由心态"磁化"的思想，好比一颗种子，当它培植在肥沃的土壤里时，会发芽、成长，并且不断繁殖，直到原先那颗小小的种子变成了数不尽的同样的种子。

幸福的标准由自己决定

有的人仿佛天生就具备积极乐观、善于自我激励等特征，然而更多的人则是经过苦难的磨砺主动地培养了积极的个性。那么，怎么样才能战胜自我，拥有强健的心态呢？

首先，要具有生活突破意识，或者称为积极的自我意识。很多人为他自己的生活自动设限，这样就从心理上大大限制了自己的活动空间。你可以学会使你的生活突破局限，"局限"往往是你心理上的障碍，比如认为自己不具有得到物质上的成功或心灵快乐的能力或潜能等。其实，你是有能力使自己的生活大大超过目前的状况的。你可以通过观察、学习、分析、模仿和推理来提高自己、充实自己，你也可以通过尝试新的东西来提高成功的可能性。你将会面临的最大困难很可能就是你内心深处的意识——一种自我设限的意识。你要记住，任何一个人都可以修改自己人生的"剧本"，成为生活中的胜利者。我们每个人都是自己一生的编剧和导演，而人生这场戏永远也不落幕。无论你年龄多大，从事何种职业，处在人生的哪一个站点，你都可以改写你的生活剧本。

其次，要有必胜的信念，或者称为积极的自我。你要在内心对自己说："我喜欢我自己。在这个世界上，我是独一无二的。我的存在有着特殊的价值，我始终有别人所不能替代的地方。"这种方法也是日本推销学大师原一平所大力倡导并身体力行的。原一平还是个普通的保险业务员的时候，他就通过这一方法来进行自我激励，最后他获得了成功。不管你的境况如何，你都要通过自我的心理沟通来进行自我激励，从而你会产生强烈的自尊心，也就是学会了爱自己。不要把自己同别人作不恰当的比较，每个人都有他特殊的

人生关键点拨

幸福的标准是由自己决定的，积极的人生总能感受到幸福的召唤。别人的幸福是参照系，但不是遥控器，由别人决定你的幸福标准，你将永远走不进快乐的天堂。

天赋与优势，只要把你的卓越之处展现出来，你就能成功。比如美国发明大王爱迪生、我国台湾省经营之神王永庆在上学的时候都是班上成绩最差的学生，如果他们以学习成绩来衡量自己的价值，那么他们显然就不会有后来的成就。你可能没有考上大学，或者没有进入名牌大学，但这都没有关系。重要的是，你要重新审视你自己的能力、兴趣和目标。你必定还不完美，就像每个人一样，但你要把自己看成是一个有特殊价值的、不断变化、不断成长的人。虽然我们的天资与能力参差不齐，但每个人都可能有出色的表现。

第三，积极地去争取你想要的东西。如果你喜欢一个女孩子，又不采取行动，你是无法得到她的芳心的。成功者主动出击，而失败者听天由命。你要记住，生活是一项巨大的工程，而你是自己生活的工程师，所有重要的方面都要你来规划设计。要想建成一个美妙的、充满艺术性的工程，就需要你自己动手去做。因此，你要学会培养两种至关重要的能力：第一，生活是变化无常的，你要懂得灵活应变，你要在这变化中抓住对你最重要的东西；第二，你还要懂得为了明天的人生目标而放弃今天暂时的快乐。

亨利曾写过这样的诗句："我是命运的主人，我主宰自己的心灵。"既然人生不售回程票，我们更应当珍视我们的人生，享受我们的生活，不管上天给我们安排了什么样的旅伴，我们都要把握住自己的内心，积极地塑造自己的未来。

乐观在天堂，悲观在地狱

儿科病房里，躺着两个可爱的小女孩，她们都因为患有先天性心脏病而接受了手术治疗。手术使小女孩幼嫩的胸脯上留下了一道永远不会消除的伤疤。

一个小女孩很伤感，常常泪水涟涟地说："这可恶的伤疤使我不再完美，我诅咒！"而另一个小女孩却笑盈盈地对人说："感谢这伤口，它使我拥有了美好的生命，我心怀感激！"

不同的心态，对所发生事件的评价是如此的不同，它必然会对处理问题的态度发生影响，也会对今后的生活之路产生影响。

两个工程师合作承担了一项研究项目，在项目即将完成时，做了一次试验，结果，出乎意料地失败了，他们从中发现了一些以前未曾预见的问题。面对挫折，一位工程师陷入了深深的自责之中，甚至怀疑自己是否还有完成这项研究项目的能力，而另一位工程师却为此感到欣慰：幸好现在及时发现了问题，这样可以在这个项目投入实际运作时避免许多错误。

每一种心态都是每个人对人生的不同看法。在现实生活里，每个人都不可避免遭受这样或那样的打击和挫折：因为高考落榜而精神萎靡或是因为失恋而痛苦忧伤，因为无法适应快节奏的工作而丧失斗志……这些心理多半是人们意志薄弱、心态不成熟的一种表现。而这些异常的心理、悲观的心态往往导致痛苦的人生，往往影响对环境的正确看法。悲观者实际上是以自己悲观消极的想法看待客观世界，在悲观者心中，现实是或多或少被丑化了的。现在社会上许多人，对未来和生活，常常持有一种悲观的迷茫心理：对自己的过去，不管有无成败，不管有无辉煌，都一概加以否定，心理上充满了自责与痛苦，嘴上有说不完的遗憾。对未来缺乏信心，一片迷茫，以为自己一无是处，什么事都干不好，认知上否定自己的优势与能力，无限放纵自己的缺陷。

悲观的心态往往来自于对环境驾驭的一种挫折感。所谓"挫折"，即人们在某种动机下所要达到的目标受到阻碍，因阻碍因素无法克服而滋生出的紧张焦虑状态与情绪反应。

美国医生做过这样一个实验：他们让患者服用安慰剂。安慰剂呈粉状，是用水和糖加上某种色配制的。当患者相信药力，就是说，当他们对安慰剂的效力持乐观态度时，治疗效果就显著。如果医生自己也确信这个处方，疗效就更为显著了。这一点已用实验得到了证实。悲观态度是由精神引起而又会影响到组织器官，有一个事故证明了这一点。一位铁路工人意外地被锁在一个冷冻车厢里，他清楚地意识到他是在冷冻车厢里，如果出不去，就会冻死。不到 20 个小时，当冷冻车厢被打开时人已死了，医生证实是冻死的。可是，仔细检查了车厢，冷气开关并没有打开。那位工人确实死了，因为他确信，在冷冻的情况下是不能活命的。所以，在极端的情况下，极度悲观会导致死亡。一位乐观主义者却总是假设自己是成功的，就是说，他在行动之前，已经有了85%成功的把握。而悲观主义者在行动之前，却确认自己是无可挽救了。

任何事情都有它的两面性，面对困境，只有积极的心态，才能使你迎战突如其来的挫折，不被挫折所击垮。也只有这样，你才能从挫折中获取有益的经验和教训，继续走上成功的道路。

悲观态度或乐观态度，是人类典型的也是最基本的两种倾向。

悲观者和乐观者在面对同一个事物和同一个问题时，会有不同的看法。下面是两个见解不同的人在争论3个问题：

第一个问题——希望是什么？

悲观者说：是地平线，就算看得到，也永远走不到。

乐观者说：是启明星，能告诉我们曙光就在前头。

第二个问题——风是什么？

悲观者说：是浪的帮凶，能把你埋藏在大海深处。

乐观者说：是帆的伙伴，能把你送到胜利的彼岸。

第三个问题——生命是不是花？

悲观者说：是又怎样，开败了也就没了！

乐观者说：不，它能留下甘甜的果。

突然，天上传来了上帝的声音，也问了3个问题：

第一个：一直向前走，会怎样？

悲观者说，会碰到坑坑洼洼。

乐观者说：会看到柳暗花明。

第二个：春雨好不好？

悲观者说：不好！野草会因此长得更疯！

乐观者说：好，百花会因此开得更艳！

第三个：如果给你一片荒山，你会怎样？

悲观者说：修一座坟茔！

人生关键点拨

不同的人生态度会造就截然不同的人生风景；同样是人，会因截然不同的世界观，导致截然不同的人生结局。

乐观者反驳：不！种满山绿树！

于是上帝给了他们两样不同的礼物：

给了乐观者成功，给了悲观者失败。

乐观在天堂，悲观在地狱，同样是人，会有截然不同的人生态度。

驱逐心中的鱼

杰克是地球上最快乐的叫花子。

"我为什么不快乐呢？我每天都能讨到填饱肚子的食物，有时甚至还能讨到一截香肠；我每天还有这座破庙可以挡风遮雨；我不为其他的人做工，我是自己的上帝。我为什么不快乐呢？"皮克这样回答那些羡慕他的人。

可是有一天，杰克脸上的快乐突然丢失了。

那是因为，一天，杰克在回破庙的路上捡到一袋金币，准确地说是 99 元金币。

其实捡到金币的那个晚上，杰克是最最快乐的了。"我可以不做叫花子了，我有了 99 元金币，这够我吃一辈子啊！99 元，哈哈！我得再数数。"杰克怕这是一个梦，甚至不敢睡觉。直到第二天太阳出来时他才相信这是真的。

第二天，杰克很晚也没有走出破庙，他要把这 99 元金币藏好，这真的需要费一番工夫。"这钱不能花，我得攒着。我要是拥有 100 元金币就好了。我要有 100 元金币。"从来没有什么理想的皮克现在开始有了理想。他还需要一元金币，这对一个叫花子来说，绝对是一个非常远大的理想。

晌午杰克才出去讨饭，不！他开始讨钱，一分一分的。中午他很饿，他只讨了一点儿剩饭。下午，他很早就"收工"了，他得用更多的时间守着他的金币。

"还差 97 分。"晚上他反复数着他的金币，他开始忘记了饥饿。

一连几天，杰克都这样度过。过这样的日子杰克就再也没有吃饱过，同时也再没有快乐过。

讨饭越来越难。难的原因一是别人愿给剩饭而不愿给钱，还因为杰克用来讨钱的时间越来越少了，当然也因为他不快乐了，别人也不愿再施舍给他了。

"杰克，你为什么不快乐了？"

"咱是叫花子，快乐个啥！"

杰克越来越忧郁，越来越苦闷，也越来越瘦弱了。终于有一天，杰克病倒了。这一病杰克就几天也没有起来。这几天里杰克就想着一件事：还差16分就100元金币了。

"杰克，你有没有收到我的金币？"突然，一个富商找到破庙里生命垂危的杰克。

"什么？"杰克惊问。

"杰克，你的快乐，是你的快乐救过我。三年前，我在一次买卖中赔尽了家产。正准备自杀，我见到了快乐的你，我明白了身无分文的人也能快乐地生活。后来，我就东山再起了，赚了很多钱。那一次，我带着99块金币出来游玩，见到你，就把钱丢到了你要走的路上。可是你现在为什么还做叫花子呢？为什么不快乐呢？生了病为什么不拿钱去看医生呢？"

"我想拥有100元金币。还差16分，就差16分。"

富商从腰里取出1块金币给他。杰克接过钱，把钱装进袋子里，然后又全部倒出来，很细心地数——他终于有100元金币了，对了，还有84分。

杰克笑了，然后就昏倒了。

这时一个游僧路过这里，见到昏倒的杰克，向富商问明了情况，便说："这下，完了！"

"怎么了？"

"因为他有了99元金币的时候，就会希望有100元金币。这就是每个人都不可避免的贪欲，贪欲赶走了他的快乐。你要救他，

人生关键点拨

卡耐基曾说："要是我们得不到我们希望的东西，最好不要让忧虑和悔恨来苦恼我们的生活。""身外物，不奢恋"，是思悟后的清醒。它不但是超越世俗的大智大勇，也是放眼未来的豁达胸怀。谁能做到这一点，谁就会活得轻松，过得自在，遇事想得开，放得下。

你得向他索回那99元金币，这样他或许有救。现在，你反倒满足了他的欲望，重病的他就失去了支撑下去的动力。你开始时给他99元金币，你使世界上少了一个天使；你又给他1元金币，这就使世界上少了一个生命。"

富商试了试杰克的鼻子，杰克果然什么时候都不会再快乐了。

人不能没有欲望，没有欲望就没有前进的动力，但人却不能有贪欲，因为，贪欲是无底洞，你永远也填不满。对付贪欲最有效的方法是知足常乐。

你应该明白：即使你拥有整个世界，但你一天也只能吃三餐，这是人生思悟后的一种清醒，谁真正懂得它的含义，谁就能活得轻松，过得自在，白天知足常乐，夜里睡得安宁，走路感觉踏实，蓦然回首时也没有遗憾。

物质上永不知足是一种病态，其病因多是权力、地位、金钱之类引发的。这种病态如果发展下去，就是贪得无厌，其结局是自我爆炸，自我毁灭。

托尔斯泰说："欲望越小，人生就越幸福。"这话，蕴含着深邃的人生哲理，也是针对欲望越大，人越贪婪，人生越易致祸而言的。古往今来，被难填的欲壑所葬送的贪婪者不可计数。

其实，每一个人所拥有的财物，无论是有形的，还是无形的，没有一样是属于自己的。那些东西不过是暂时寄存于你，有的让你暂时使用，有的让你暂时保管而已，到最后，物归何主，都未可知。所以智者把这些财富统统视为身外之物。

世上本无事，庸人自扰之

人本是人，不必刻意去做人；世本是世，无须精心去处世。这便也是真正的做人与处世了。

人生有三重境界，这三重境界可以用一段充满禅机的语言来说明，这段语言便是：看山是山，看水是水；看山不是山，看水不是水；看山还是山，看水还是水。

这就是说，一个人的人生之初纯洁无瑕，初识世界，一切都是新鲜的，眼睛看见什么就是什么，人家告诉他这是山，他就认识了山，告诉他这是水，

人生关键点拨

"菩提本无树，明镜亦非台，本来无一物，何处惹尘埃。"由此可以联想到萧伯纳的那句话："痛苦的根源在于有闲工夫担心自己是否幸福。"

他就认识了水。

随着年龄渐长，经历的世事渐多，就发现这个世界的问题了。这个世界问题越来越多，越来越复杂，经常是黑白颠倒，是非混淆，无理走遍天下，有理寸步难行，好人无好报，恶人逍遥一生。进入这个阶段，人是激愤的，不平的，忧虑的，疑问的，警惕的，复杂的。人不愿意再轻易地相信什么。人在这个时候看山也感慨，看水也叹息，借古讽今，指桑骂槐。山自然不再是单纯的山，水自然不再是单纯的水。一切的一切都是人的主观意志的载体，所谓"旧恨春江流不尽，新恨云山万叠"。倘若留在人生的这一阶段，那就苦了这条性命了。人就会这山望着那山高，不停地攀登，争强好胜，与人比较，怎么做人，如何处世，绞尽脑汁，机关算尽，永无满足。因为这个世界原本就是一个圆的，人外还有人，天外还有天，循环往复，绿水长流。而人的生命是短暂的、有限的，哪里能够去与永恒和无限计较呢？

许多人到了人生的第二重境界，就到了人生的终点。追求一生，劳碌一生，心高气傲一生，最后发现自己并没有达到自己的理想，于是抱恨终生。但是有一些人通过自己的修炼，终于把自己提升到了第三重人生境界，茅塞顿开，回归自然。人在这时候便会专心致志做自己应该做的事情，不与旁人有任何计较。任你红尘滚滚，自有清风朗月。面对芜杂世俗之事，一笑了之，了了有何不了。这个时候的人看山又是山，看水又是水了。

一个年轻人四处寻找解脱烦恼的秘诀。他见山脚下绿草丛中一个牧童在那里悠闲地吹着笛子，十分逍遥自在。

年轻人便上前询问："你那么快活，难道没有烦恼吗？"

牧童说："骑在牛背上，笛子一吹，什么烦恼也没有了。"

年轻人试了试，烦恼仍在。

于是他只好继续寻找。

他来到一条小河边，见一老翁正专注地钓鱼，神情怡然，面带喜色，于是便上前问道："你能如此投入地钓鱼，难道心中没有什么烦恼吗？"

老翁笑着说："静下心来钓鱼，什么烦恼都忘记了。"

年轻人试了试，却总是放不下心中的烦恼，静不下心来。

于是他又往前走。他在山洞中遇见一位面带笑容的长者，便又向他讨教解脱烦恼的秘诀。

老年人笑着问道："有谁捆住你没有？"

年轻人答道："没有啊？"

老年人说："既然没人捆住你，又何谈解脱呢？"

年轻人想了想，恍然大悟，原来是被自己设置的心理牢笼束缚住了。

世上本无事，庸人自扰之。其实很多时候，烦恼都是自找的，要想从烦恼的牢笼中解脱，首先要"心无一物"，放下心中的一切杂念。

学会选择，懂得放弃

在日常生活中，对不用之物的处理往往体现出一个人的思维方式。随着人们生活水平的提高，物尽其用的概念已经陈旧。现在，家家都有不少已被替代但并未完全丧失功能的物品，有些人家舍不得丢弃，日积月累，无用之物越积越多，等到堆放不下了，只能惋惜地集中扔掉，并在疲劳的同时慨叹着"早知今日，何必当初"。

有些人随时淘汰那些不再需要的东西，省去了集中处理的精力，平时家中也显得简洁明快。其实人生又何尝不是如此，即便过着平凡的日子，也依然会不断地积累，大到人生感悟，小到一张名片，都是从无到有，积少成多。无论你的名誉、地位、财富、亲情，还是你的烦恼、忧愁，都有很多是该弃而未弃或该储存而未储存的。人类本身就有喜新厌旧的癖好，都喜欢焕然一新的感觉，不学会放弃是无论如何也无法焕然一新的。学会放弃也就成了一种境界，大弃大得，小弃小得，不弃不得。

有一个聪明的年轻人，很想在一切方面都比他身边的人强，他尤其想成为一名大学问家。可是，许多年过去了，他的其他方面都不错，学业却没有长进。他很苦恼，就去向一个大师求教。

大师说："我们登山吧，到山顶你就知道该如何做了。"

那山上有许多晶莹的小石头，煞是迷人。每见到他喜欢的石头，大师就让他装进袋子里背着，很快，他就吃不消了。"大师，再背，别说到山顶了，恐怕连动也不能动了。"他疑惑地望着大师。大师微微一笑："该放下时须放下啊。"

年轻人一愣，忽觉心中一亮，向大师道了谢走了。之后，他一心做学问，进步飞快。其实，人要有所得必有所失，只有学会放弃，才有可能登上人生的高峰。

我们很多时候羡慕在天空中自由自在飞翔的鸟儿，人其实也应该像这鸟儿一样，欢呼于枝头，跳跃于林间，与清风嬉戏，与明月相伴，饮山泉，觅草虫，无拘无束。这才是鸟儿应有的生活，才是人类应有的生活。人生在世，有许多东西是需要放弃的。在仕途中，放弃对权力的追逐，随遇而安，得到的是宁静与淡泊；在淘金的过程中，放弃对金钱无止境的贪婪，得到的是安心和快乐；在春风得意、身边美女如云时，放弃对美色的占有，得到的是家庭的温馨和美满。

造成心理障碍，影响一个人幸福的，有时并不是物质的贫乏，而是一个人选择与放弃的心境。如果把自己的心浸泡在对往事的后悔和遗憾中，痛苦必然会占据你的整个心灵。

一位精神病医生有多年的临床经验，在他退休后，撰写了一本医治心理疾病的专著。这本书足足有 1000 多页，书中有各种病情描述以及针对各种病情的药物、情绪治疗办法。

人生关键点拨

为采集眼前的花朵而花费太多的时间和精力是不值得的，道路正长，前面尚有更多的花朵，促使让我们一路走下去……

有一次，他受邀到一所大学讲学，在课堂上，他拿出了这本厚厚的著作，说："这本书有 1000 多页，里面有治疗方法 3000 多种，药物 10000 多种，但所有的内容，概括起来只有 4 个字。"

说完，他在黑板上写下了"如果，下次"。

这位医生说，造成自己精神消耗和折磨的莫不是"如果"这两个字，"如果我考上了大学"，"如果我当年不放弃她"，"如果我当年能换一种工作"……

医治方法有数千种，但最终的办法只有一种，就是把"如果"改成"下次"，"下次我有机会再去进修"、"下次我不会放弃所爱的人"……

钱钟书在《围城》中提到一个十分有趣的现象：天下有两种人。一种人一串葡萄到手后，挑最好的先吃；另一种人把最好的留在最后吃。但两种人都感到不快乐，第一种人认为他吃的葡萄越来越差，第二种人认为他每吃一颗都是吃剩下的葡萄中最坏的。

原因在于，第一种人只有回忆，他常用以前的东西来衡量现在，所以不快乐；第二种人则刚好与之相反，同样不快乐。

其实，第一种人应该这样想，我已经吃到了最好的葡萄，有什么好后悔的；第二种人应该这样想，我留下的葡萄和以前相比，都是最棒的，为什么要不开心呢？

这其实就是生活态度问题，它决定了一个人的喜怒哀乐。

如果一生不懂得去选择也不懂得去放弃，那他一辈子就永远也不会感到幸福。

泰戈尔在《飞鸟集》中写道："只管走过去，不要逗留着去采了花朵来保存，因为一路上，花朵会继续开放的。"

懂得感恩是人生的高尚境界

懂得感恩是人生的最高境界，有一首歌《感恩的心》，唱出了生命的意义：

> 我来自偶然，像一颗尘土，
> 有谁看出我的脆弱。
> 我来自何方，我情归何处？
> 谁在下一刻呼唤我？
> 天地虽宽，这条路却难走，
> 我看遍这人间坎坷辛苦。

我还有多少爱，我还有多少泪，
要苍天知道，我不认输。
感恩的心，感谢有你，
伴我一生，让我有勇气做我自己。
感恩的心，感谢命运，
花开花落，我一样会珍惜。

有一句古话说："驴子驮着一段贵重的沉香木，却根本不知道其价值；驴子所知道的只是背上驮着的东西很重。"我们很多人也是历经人生的波涛，却往往只感觉到生活的重负，而不知道人生所具有的宝贵性，倘若我们对生活养成感恩的态度，便会在心中创造出一块"良田"，使生活中美好的东西在其中生长，而且由于感恩的力量，美好的东西还会像受磁石吸引的铁那样，源源不断地被吸引到你身边来。

在一个小镇上，饥荒让所有贫困的家庭都面临着危机，因为对于他们来说，最起码的温饱问题都难以解决。

小镇上最富有的人要数面包师卡尔了，他是个好心人。为了帮助人们度过饥荒，他把小镇上最穷的 20 个孩子叫来，对他们说："你们每一个人都可以从篮子里拿一块面包。以后你们每天都在这个时候来，我会一直为你们提供面包，直到你们平安地度过饥荒。"

那些饥饿的孩子争先恐后地去抢篮子里的面包，有的为了能得到一块大点的面包甚至大打出手。他们心里只想着要得到面包，当他们得到的时候，立刻狼吞虎咽地把面包吃完，甚至都没想到要感谢这个好心的面包师。

面包师注意到一个叫格雷奇的小女孩儿，她穿着破旧不堪的衣服，每次都在别人抢完以后，她才到篮子里去拿最后的一小块面包，她总会记得亲吻面包师的手，感谢他为自己提供食物，然后拿着它回家。

面包师想："她一定是回家和自己的家人一起分享那一小块面包，多么懂事的孩子呀！"

第二天，那些孩子和昨天一样抢夺较大的面包，可怜的格雷奇最后只得到了昨天一半大小的面包，但她仍然很高兴。她亲吻过面包师的手后，拿着面包回家了。到家后，当她妈妈把面包掰开的时候，一个闪耀着光芒的金币从面包里掉了出来。妈妈惊呆了，对格雷奇说："这肯定是面包师不小心掉进来的，赶快把它送回去吧。"

小女孩儿拿着金币来到了面包师家里，对他说："先生，我想您一定是不小心把金币掉进了面包里，幸运的是它并没有丢，而是在我的面包里，现在我把它给您送回来了。"

面包师微笑着说："不，孩子，我是故意把这块金币放进最小的面包里的。我并没有故意想要把它送给你，我希望最文雅的孩子能得到这块金币，是你选择了它，现在这块金币是属于你的了，算是对你的奖赏。希望你永远都能像现在这样知足、文雅地生活，用感恩的心去面对每一件事。回去告诉你的妈妈，这个金币是一个善良文雅的女孩儿应该得到的奖赏。"

要想拥有幸福的生活，就要怀有一颗感恩的心。

有一颗感恩的心，才更懂得尊重：尊重生命、尊重劳动、尊重创造。有一颗感恩的心，会让我们的社会多一些宽容与理解，少一些指责与推诿，多一些和谐与温暖，少一些争吵与冷漠，多一些真诚与团结，少一些欺瞒与涣散……

如果你有一颗感恩的心，你会对你所遇到的一切都抱着感激的态度，这样的态度会使你消除怨气。早上起来的时候，你看到窗外的阳光，你会感恩；吃一块面包，你会感恩；接到朋友的电话，你会感恩；在树上看到一只鸟在唱歌，你会感恩；看到猫咪睡在你的床头，你会感恩；然后你的一天乃至你的一生，就在这感恩的心情中度过，那你还有什么不幸福的呢？

人们一想起史蒂芬·霍金，眼前就会浮现出这位科学大师那永远深邃的目光和宁静的笑容。世人推崇霍金，不仅仅因为他是智慧的英雄，更因为他还是一位人生的斗士。

有一次，在学术报告结束之际，一位年轻的女记者捷足跃上讲坛，面对这位已在轮椅上生活了30余年的科学巨匠，深深敬仰之

人生关键点拨

只要有了一颗感恩的心，你就会受益终身。如此你会觉得你所拥有的就是最好的，不在乎你的得失与成败，在你的眼中只有欢乐，没有忧伤和不幸，这才是人生所能达到的最高境界。心存一颗感恩的心，即使在生命僵死之处，也会有清泉涌出。

余，又不无悲悯地问："霍金先生，帕金森症已将你永远固定在轮椅上，你不认为命运让你失去太多了吗？"

这个问题显然有些突兀和尖锐，报告厅内顿时鸦雀无声，一片静谧。

霍金的脸庞却依然充满恬静的微笑，他用还能活动的手指，艰难地叩击键盘，于是，随着合成器发出的标准伦敦音，宽大的投影屏上缓慢然而醒目地显示出如下一段文字：

我的手指还能活动，

我的大脑还能思维；

我有终生追求的理想，

有我爱和爱我的亲人和朋友；

对了，我还有一颗感恩的心……

生活就是这样，你对它笑，它也对你笑；你对它哭，它会对你哭。

珍惜所有，享受生活

每个人在自己的有生之年都经历过自己所有的年龄，你要明白每个年龄都是最好的，但是只有你现在的年龄是最真实的。不要回避今天的现实与琐碎，走好脚下的路，唱出心底的歌，把头顶的阳光编织成五彩的云裳，遮挡凌空而至的风霜雨雪。每一天都向人们敞开，让花朵与微笑回归你疲惫的心灵，让欢乐成为今天的中心。如果有荆棘阻挡你匆匆的脚步，那也是今天最真实的生活。

几岁是生命中最好的年龄呢？

电视节目拿这个问题问了很多的人。一个小女孩说："两个月，因为你会被抱着走，你会得到很多的爱与照顾。"

另一个小孩回答："3岁，因为不用去上学。你可以做几乎所有想做的事，也可以不停地玩耍。"

一个少年说："18岁，因为你高中毕业了，你可以开车去任何想去的地方。"

一个女孩说："16岁，因为可以穿耳洞。"

一个男人回答说："25岁，因为你有较多的活力。"这个男人43岁。他说自己现在越来越没有体力走上坡路了。他25岁时，通常午夜才上床睡觉，但现在晚上9点一到便昏昏欲睡了。

一个3岁的小女孩说生命中最好的年龄是29岁。因为可以躺在屋子里的任何地方，虚度所有的时间。有人问她："你妈妈多少岁？"她回答说："29岁。"

有人认为40岁是最好的年龄，因为这时是生活与精力的最高峰。

一位女士回答说45岁，因为你已经尽完了抚养子女的义务，可以享受含饴弄孙之乐了。

一个男人说65岁，因为可以开始享受退休生活。

最后一个接受询问的是一位老太太，她说："每个年龄都是最好的，享受你现在的年龄吧。"

每个年龄都是最好的。但在现实生活中，我们常常认为自己所处的年龄是最糟的。史威福说："没有人活在现在，大家都活着为其他时间做准备。"要么是回忆过去的美好时光，要么为了将来苦思冥想、疲于奔命，独独忘了要把握现在，活在现在。

迎接今天的最佳姿势就是站立，用你的手拂去昨天的狂热与沉寂，用你的手推开明天的迷雾与霞光，用你的手握住今天的沉重与轻松。把迎风而舞的好心情留在今天，也把若隐若现的阴影留给今天。

享受你现在的年龄吧，让生命感知生活的无边快乐。

不要感叹你失去或未得到的，珍惜你还拥有的。

叔本华也曾告诫人们："我们很少想到自己拥有什么，却总是想着自己缺什么。"这常是情绪失调的重要原因。

"惜福"的观念是我们社会最需要培育的。"人在福中不知福"，每当到医院看望病人，看到许多病友正为生命奋斗，才觉得健康如此可贵。

直到不幸的事情发生，才意识到过去是多么幸福。无疑，在不幸降临之前，我们一直在不断地追求幸福，但却不知道，事实上

人生关键点拨

珍惜你所拥有的一切，享受生活中的点点滴滴。"数数你拥有的幸福"这个练习，能让你的心情飞扬起来。

我们一直拥有幸福。

幸福，往往是身受时不知，失掉后方觉可贵。

李·索克博士是著名的儿童心理学家。他提起母亲在俄国长大的经历：她小时候，为躲避哥萨克人的骚扰，被迫背井离乡。她们的村庄被烧成了平地，她躲在干草车中，藏在水沟里，才捡回一条命。最后，她挤在轮船的底舱里，漂洋过海来到了美国。

索克写道：

即使在我母亲结婚生子后……她仍然每天为果腹而奔忙……但母亲总要我们多想"我们有什么"，而不要想"我们缺什么"。她告诉我们，在逆境中可以培养对"美"的欣赏力。因为美无处不在，即使在最简朴的生活里也不例外。

她执着地传授给我们的人生态度就是：天真的很黑的时候，星星就会出现！

"不为自己没有的悲伤而活，要为自己拥有的欢喜而活。"当你沮丧的时候，试着想想人生中的美好事物。

你有没有四肢与眼睛可用？有没有关心你的父母或伴侣？有没有爱并且需要你的孩子？

有没有对你未来的期待——一个假期，还是一个聚会？你有没有一本想看的好书？一个想观赏的电视节目？或者一次你等待的约会？

把你拥有的所有美好事物都写下来。然后在脑子里设想这些事物一样一样都被剥夺了，那时你的生活会变得怎样。等你充分体会到了这种失落空虚的感觉，再慢慢地、一件一件地把这些宝贝还给自己，这时你一定会惊讶地发现自己好多了。

第五章

习惯——
掌控习惯，影响一生

习惯改变命运，小事成就大事。机遇通常隐藏在细节之中，来也匆匆，去也匆匆。生命需要一双洞察生活的慧眼，小水滴映出大世界。人生是由无数问题编织的谜团，抓住细节，才能读透人生。

解读习惯的强大力量

我们可以对"习惯"下一个定义：所谓的"习惯"，就是人和动物对于某种刺激的"固定性反应"，这是相同的场合和反应反复出现的结果。所以，如果一个人反复练习饭前洗手的话，那么这个行为就会融合到他更为广泛的行为中去，成为"爱清洁"的习惯。

习惯是某种刺激反复出现，个体对之做出固定性反应，久而久之形成的类似于条件反射的某种规律性活动。它包括生理和心理两方面，即能够直接观察及测量的外显活动和间接推知的内在心路历程——意识及潜意识历程。而且，心理上的习惯，即思维定式一旦形成，则更具持久性和稳定性，在更广泛的基础上，就成了性格特征。

习惯也称为惯性，是宇宙共同法则，具有一股无法阻挡的力量。"冬天来了，春天还会远吗？"这就是无法阻挡的一股力量；苹果离开树枝必然往下掉，同样是具有无法阻挡的一股力量。

你可以遍数名载史册的成功人士，哪一个人没有几个可圈可点的习惯在影响着他们的人生轨迹呢？当然，习惯人人都有，我们的惰性和惯性会使我们不止一次地重复某些事情，而经常反复地做也就成了习惯，比如爱笑的习惯、吝啬的习惯，甚至于饭前洗手的习惯等。习惯有大有小，有好有坏，林林总总。

美国著名的心理学家威廉·詹姆士说："播种行为，收获习惯；播种习惯，收获性格；播种性格，收获命运。"一种好习惯可以成就人的一生，一种坏习惯也可以葬送人的一生。

试想，一个爱睡懒觉、生活懒散又没有规律的人，他怎么约束自己勤奋工作？一个不爱阅读、不关心身外世界的人，他能有怎样的胸襟和见识？一个自以为是、目中无人的人，他如何去和别人合作、沟通？一个杂乱无章、思维混乱的人，他做起事来的效率会有多高？一个不爱独立思考、人云亦云的人，他能有多大的智慧和判断能力？

我们不得不承认，我们身上或多或少会有些坏习惯。比如拖拉、放纵、懒惰、邋遢、坏脾气、缺乏毅力等。我们心里也明白，如果这些习惯不改变，我们的人生就不可能有大的改变，也不可能有大的进步。

大凡成就事业者，都善于发现自己的坏习惯，并改变自己的坏习惯。华盛顿年轻时曾留有一头红发，脾气火暴。如果他没有自控力改变自己的坏习惯，那就无法带兵打仗，就无法成为美国第一任总统。

富兰克林也有不好的习惯。他知道这些不好的习惯对他的事业有严重影响，他要改变这些不好的习惯。他为自己制定了一个戒除恶习的方法，他列出获得成功的必不可少的 13 个条件：节制、沉默、秩序、果断、节俭、勤奋、诚恳、公正、中庸、清洁、平静、纯洁、谦逊。他说："我打算获得这 13 种美德，并养成习惯。为了不致分散精力，我不指望一下全做到，而要逐一进行，直到我拥有全部美德为止。"

我们必须了解培养良好习惯把坏习惯哄下楼的重要性。我们如果没有刻意去培养好习惯，就会不经意地养成坏习惯。只有养成好的习惯，才能够进步。

就像英国哲学家洛克所说："习惯一旦培养成功之后，便用不着借助记忆，很容易地很自然地就能发生作用了，而坏习惯，也会一点一点麻痹着我们，将我们引入歧途。"

一家大图书馆被烧之后，只有一本书被保存了下来，但并不是一本很有价值的书。一个识得几个字的穷人用几个铜板买下了这本书。这本书并不怎么有趣，但这里面却有一个非常有价值的东西！那是窄窄的一条羊皮纸，上面写着"点金石"的秘密。

点金石是一块小小的石子，它能将任何一种普通金属变成纯金。羊皮纸上的文字解释说，点金石就在黑海的海滩上，和成千上万的与它看起来一模一样的小石子混在一起，但秘密就在这儿：真正的点金石摸上去很温暖，而普通的石子摸上去是冰凉的。然后，这个人变卖了他为数不多的财产，买了一些简单的装备，在海边扎起帐篷，开始检验那些石子。这就是他的计划。

他知道，如果他捡起一块普通的石子，并且因为它摸上去冰凉，就将其扔在地上，他有可能几百次地捡拾起同一块石子。所以，当他摸着石子冰凉的时候，就将它扔进大海里。他这样干了一整天，却没有捡到一块是点金石的石子。然后他又这样干了 1 个星期，1 个月，1 年，3 年……他还是没有找到点金石。然而他继续这样干下去，捡起一块石子，是凉的，将它扔进海里，又去捡起另一块，还是凉的，再把它扔进海里，又一块……

但是有一天上午他捡起了一块石子，而且这块石子是温暖的……他把它随手就扔进了海里。他已经形成了一种习惯——把他捡到的石子扔进海里。他已经如此习惯于做扔石子的动作，以至于当他真正想要的那一个到来时，他也还是将其扔进了海里！

漫画家几米曾写道："迷宫般的城市，让人习惯看相同的事物，走相同的路线，到相同的目的地，习惯让人的生活不再变化。习惯让人有种莫名其妙的安全感，却又莫名其妙的寂寞，而你永远不知道你的习惯会让你错过什么。"

人生关键点拨

故事中的人错过了点金石，而我们一旦被重于寒霜的习惯压倒，一旦成为它的牺牲品，等待我们的就是更大的悲剧。

错误习惯桎梏一生

古希腊伟大的哲学家柏拉图告诫一个游荡的青年说："人是习惯的奴隶，一种习惯养成后，就再也无法改变过来。"那个青年回答："逢场作戏有什么关系呢？"这位哲学家立刻正色说道："不然，一件事一经尝试，就会逐渐成为习惯，那就不是小事啦！"这实在是真理。

意大利诗人但丁曾说："熊熊烈焰起于星星之火。"老子在《道德经》中亦云："九层之台，起于累土；千里之行，始于足下。"

习惯的养成就是通过一再地重复，由细线变成粗线，再变成绳索的过程。每一次我们重复相同的行为，就增加并强化它，绳索又变成缆绳，再变成了链子，最终，就成了根深蒂固的习惯，把我们的思想与行为缠得死死的。

习惯充满我们的整个生活。一天的生活中几点起床、就寝，是一种习惯；穿衣的姿势、颜色的喜好，是一种习惯；甚至我们怎么吃、怎么做事，都是习惯在起主导作用。

英国桂冠诗人德莱敦在 300 多年前就曾说过："首先我们养成了习惯，随后习惯养成了我们。"我们之所以有今天，乃是习惯造成的，如果我们要想有跟以前截然不同的人生，那就要有巨大的改变。而唯一之途，便是换个完全不同的行为模式，即改变你的很多坏习惯。

查尔斯·谢灵顿博士是脑生理学方面的专家，他坚持认为"在学习过程中，神经细胞的活动模式与磁带录音相类似"。每当我们记忆起以往的经历时，这个模式便重新展示出来。如果你对失败习以为常，你将易于接受失败的习惯感情，这种感情色彩将在你所做的一切事情中留下烙印。同样，如果你能建立起一个成功的模式，你便能够激励起胜利的感情色彩。从这个意义上说，改变我们的习惯，也就改变我们命运的走向。我们是习惯的动物。心理学家相信，人类 95% 的行为是通过习惯养成的。

坏的习惯就像一条有太多孔洞的破船，任你想尽方法，也无法阻止它往下沉，那么何不趁早弃船逃生，即改掉坏习惯呢？而改掉坏习惯的最有效方法就是：用好习惯来取代它。

你一定要坚信：掌握了好习惯，就掌握了迈向成功的命运。那么，从现在起我们就要开始行动，就要下定决心改掉这些坏习惯。

行为主义学派认为坏习惯是由偏差行为一再重复而形成的较为固定的行为模式。偏差行为到底有哪些？体现在我们俗称的"习惯"上，即坏习惯到底有哪些？这些坏习惯随学者的看法不同而有差异。若从行为的性质而言，则表现为不适宜行为，即不符合时间、地点及身份的行为，对自己的身心健康和发展造成损害，或困扰和妨害他人生活，与环境形成冲突的行为。

同时，行为主义者也认为，一个人出现偏差行为，即"坏习惯"，并不是因为他中了什么邪，只要用一些符咒把附在他身上的恶魔除掉就好了，也不是有什么病原体在他身上作祟，吃一贴灵丹仙药就可以解决，更不是因为在童年时候遇到什么不幸的事件，而造成日后产生心理障碍的一种症状。它的产生源于外界对这个行为的反应。甚至，行为学派学者仍强调，假若偏差行为发生带来周围的赞许，或者不遭到排斥，则行为便会再度得到强化，如此重复多次之后，它就会固定为习惯。反之，假若偏差行为发生带来坏的结果，或徒劳无功，则行为便会减弱，如此重复多次之后，它不再出现，从个人行为中消失。这些即所谓的反馈原理的应用。

个体行为就本质而言并非固定不变，而是因受身心发展及客观情境影响，随时在变化。学习是公认的最重要的一种改变行为、塑造行为以及养成习惯的方法。

由此我们可以确定一点，利用增强原理，通过某些方式的"学习"，我们可以矫正偏差行为，消除坏习惯。而削弱、隔离、惩罚是较有成效的消除坏习惯的方法。附带说明一点，习惯的矫正和培养越是从小做起，阻力就越小，幼儿时期是行为塑造的黄金时期，而这个时候习惯的塑造也因为阻力小而变得

人生关键点拨

习惯是人生成败的关键。从某种程度上来说，成功者与失败者之间唯一的差别就在于他们拥有不一样的习惯。好习惯实际上是好方法——思想的方法、做事的方法。培养好习惯，即是在寻找一种成功的方法。而一个人的坏习惯越多，离成功就越远。

简单易行。

但是正如马克·吐温所说："习惯是很难打破的，谁也不能把它从窗户里抛出去，只能一步一步地哄着它从楼梯上走下来。"

当某种行为模式已经成为习惯时，我们对它感到如此熟悉，以至于它似乎就是我们天性中的一部分。然而事实上，习惯是习得的和养成的。正像我们日复一日地养成了习惯，我们同样也可以抛弃这些习惯。

通过认真的自我检查，你就可以认识到，你身上的哪些思想和行为习惯是有害的。当你意识到要改变某种坏习惯时，你可以用一种不同的和更有意义的自动行为去代替它。在这个过程中，你可能会犯错误，重新回到老习惯中去，但重要的是不要放弃努力。一旦发现自己又滑回到老习惯中，你就要立即改正它。要决心成为习惯的主人，这样，习惯也就成了你有用的奴仆。

好习惯，好人生

习惯是由重复制造出来，并根据自然法则养成的。

美国学者特尔曼从 1928 年起对 1500 名儿童进行了长期的追踪研究，发现这些"天才"儿童平均年龄为 7 岁，平均智商为 130。成年之后，又对其中最有成就的 20% 和没有什么成就的 20% 进行分析比较，结果发现，他们成年后之所以产生明显差异，其主要原因就是前者有良好的学习习惯、强烈的进取精神和顽强的毅力，而后者则甚为缺乏。

习惯是经过重复或练习而巩固下来的思维模式和行为方式，例如，人们长期养成的学习习惯、生活习惯、工作习惯等。"习惯养得好，终身受其益"；"少小若无性，习惯成自然"。习惯是由重复制造出来，并根据自然法则养成的。

孩子从小养成良好的习惯，能促进他们的生长发育，更好地获取知识，发展智力。良好的学习习惯能提高孩子的活动效率，保证学习任务的顺利完成。从这个意义上说，它是孩子今后事业成功的首要条件。

但是习惯是从哪里来的呢？

习惯是自己培养起来的。当你不断地重复一件事情，最后就有了应该和不应该，开始形成了所谓的真理，但是你还有更多的事情没有接触到。

习惯应该是你帮助自己的工具，你需要利用自己的习惯来更好地生活，如果习惯阻碍了你实现目标，那么就该抛弃这样的坏习惯。

下面是培养良好习惯的过程与规则：

在培养一个新习惯之初，把力量和热忱注入你的感情之中。对于你所想的，要有深刻的感受。记住：你正在采取建造新的心灵道路的最初几个步骤，万事开头难。一开始，你就要尽可能地使这条道路既干净又清楚，下一次你想要寻找及走上这条小径时，就可以很轻易地看出这条道路来。

把你的注意力集中在新道路的修建工作中，使你的意识不再去注意旧的道路，以免使你又想走上旧的道路。

可能的话，要尽量在你新建的道路上行走。你要自己制造机会来走上这条新路，不要等机会自动在你跟前出现。你在新路上行走的次数越多，它们就能越快被踏平，更有利于行走。一开始，你就要制定一些计划，准备走上新的习惯道路。

过去已经走过的道路比较好走，因此，你一定要抗拒走上这些旧路的诱惑。你每抵抗一次这种诱惑，就会变得更为坚强，下次也就更容易抗拒这种诱惑。但是，你每向这种诱惑屈服一次，就会更容易在下一次屈服，以后将更难以抗拒诱惑。你将在一开始就面临一次战斗，这是重要时刻，你必须在一开始就证明你的决心、毅力与意志力。

要确信你已找出正确的途径，把它当作你的明确目标，然后毫无畏惧地前进，不要使自己产生怀疑。着手进行你的工作，不要往后看。选定你的目标，然后修建一条又好又宽的道路，直接通向这个目标。

你已经注意到了，习惯与自我暗示之间存在着很密切的关系。根据习惯而一再以相同的态度重复进行的一项行为，我们将会自动地或不知不觉地进行这项行为。例如，在

人生关键点拨

一位名人曾说过："事实上，成功与失败的最大分野，来自不同的习惯。好习惯是开启成功之门的钥匙，坏习惯则是一扇向失败敞开的门。"好习惯成就好人生，从现在开始培养你的好习惯吧！

弹奏钢琴时，钢琴家可以一面弹奏他所熟悉的一段曲子，一面在脑中想着其他的事情。

自我暗示是我们用来挖掘心理道路的工具，"专心"就是握住这个工具的手，而"习惯"则是这条心理道路的路线图或蓝图。要想把某种想法或欲望转变成为行动或事实之前，必须忠实而固执地将它保存在意识之中，一直等到习惯将它变成永久性的形式为止。

为什么很多成功人士敢扬言即使现在一败涂地也能很快东山再起？也许就是因为习惯的力量：他们养成的某种习惯锻造了他们的性格，而性格铸就了他们的成功。

人类所有优点都要变成习惯才有价值，即使像"爱"这样一个永恒的主题，也必须通过不断的修炼，变成好的习惯，才能化为真正的行动。

很多好的观念、原则，我们"知道"是一回事，但知道了是否能"做到"是另一回事。这中间必须架起一座桥梁，这座桥梁便是习惯。

那么习惯的价值到底有多大呢？美国科学家曾发现，一个习惯的养成需要 21 天的时间，如果真是如此，从效率角度分析，习惯应该是投入产出比最高的了，因为你一旦养成某个习惯，就意味着你将终生享用它带来的好处。

打破习惯的定式

习惯的定式有时是思维的禁锢、人生的阻碍，但人们却想不起主动打破它。

三只猴子被关在一个大铁笼子里，每天喂食很少，猴子们都饿得吱吱地叫。几天后，笼子外面突然出现了一串香蕉，一只饿得头昏眼花的猴子一个箭步冲上去，伸出爪子就抓。可是当它还没有拿到香蕉的时候，只听见"哗"的一声，一股热水迎面泼来，这只猴子被热水烫得浑身是伤。后面的两只猴子一次次上去拿香蕉时，一样被热水烫伤。于是，笼子里的猴子只能望"蕉"兴叹，不敢前去攀摘。

几天后，一只猴子"解放"了，换了另外一只猴子进入房内。当新猴子肚子饿得想试着爬上去吃香蕉时，其他两只"老"猴子马上制止它，告诉

人生关键点拨

打破习惯的定式，摆脱不良习惯的禁锢，很多时候，成长成熟是从"不习惯"开始的。

它："那里有危险，千万不可尝试。"于是这只猴子也老老实实地不敢去碰香蕉。过了几天，又一只猴子出去了，另外一只新的进来。同样，当这只猴子想吃香蕉的时候，不仅剩下的那只受过伤的"老"猴子制止它，连没有被烫伤过的猴子也极力阻止它。

当原来三只猴子都被换走后，房间里没有一只猴子被烫伤过，笼子外的热水已被撤走，香蕉唾手可得，可没有一只猴子敢前去尝试取香蕉吃。

许多人和故事中的猴子一样，不敢再迈出新的步子去尝试，不能突破习惯的障碍。有时，打破头脑的樊笼，可以化不利为有利。

1873 年，美国发明家克利斯托弗发明了世界上第一台打字机，键盘完全是按照英文字母的顺序排列的。慢慢地，他发现打字的速度一旦加快，键槌就很容易被卡住。他的弟弟给他出了一个主意，建议他把常用字的键符分开布局，这样每次击键的时候，就不会因为连续击打同一块区域而卡死。经过这样不规则的排列后，卡键的次数果然大大减少，但同时打字速度也减慢了。在推销打字机的时候，在利润的驱动下，克利斯托弗对客户说，这样的排列，可以大大提高打字速度，结果所有人都相信了他的说法。现在，人们已经习惯了这样的键盘布局，并始终认为这的确能提高打字速度。

国外一些数学家经过研究得出结论，目前的排列是最笨拙的一种，凭借目前的技术，已经解决了卡键问题，可现在出现第二种排列的键盘似乎不太可能，因为人们都习惯了。在强大的习惯面前，科学有时也会变得束手无策。

习惯对我们的生活有绝对的影响，因为它是一贯的。在不知不觉中，经年累月影响着我们的品德，暴露出我们的本性，左右着我们的成败。看看我们自己，看看我们周围，好习惯造就了多少辉煌成果，而坏习惯又毁掉了多少美好的人生！习惯一旦形成，就极具稳定性。生理上的习惯左右着我们的行为方式，决定我们的生活起居；心理上的习惯左右着我们的思维方式，决定我们的接人待物。当我们的命运面临抉择时，是习惯帮我们作的决定。

或许你习惯了懒懒散散、心灰意冷地过日子，或许你对抽烟、酗酒、拖延、懒惰等坏习惯熟视无睹，那么你就不要再慨叹生活对你的不公，你就不要说梦想很难实现，更不要说你的经历都很倒霉。归根到底这一切都是你的坏习惯在作祟。如果你永远抱着这种坏习惯不放，却还在想着成功，那真是难于上青天。

习惯是一种顽强的力量，它可以左右人的一生。拿破仑·希尔说："习惯能成就一个人，也能够摧毁一个人。"

用行动捕获命运

人生有好多风景，千万不要让生命错过。人生不会给你后悔药吃，如果你不赶紧抢占位置，社会的大舞台上注定没有了你的席位。

朋友，面对人生，一定要有当机立断的决心，别让生命错过。

行动是成功者打开成功之门的钥匙。只坐在那儿想打开人生局面，无异于痴人说梦，只有靠自己的双手，行动起来，才能有成功的可能性。

机会总是偏袒于那些敢闯敢拼的人。即使机会还没有来临，也要现在就去行动！在行动中寻找机会，比等待机会降临更抢占了一步先机。也许你的行动不会带来快乐与成功，但是行而失败总比坐以待毙好。行动也许不会结出快乐的果实，但是没有行动，所有的果实都无法收获。

有一个野心勃勃却没有作品的作家说："我的烦恼是日子过得很快，一直写不出像样的东西。""你看，"他说，"写作是一项很有创造性的工作，要有灵感才行，这样才会提起精神去写，才会有写作的兴趣和热忱。"

说实在的，写作的确需要创造力，但是另一个写出畅销书的作家，他的秘诀是什么呢？

"我用'精神力量'，"他说，"我有许多东西必须按时交稿，因此，无论如何不能等到有了灵感才去写，那样根本不行。一定要想办法推动自己的精神力量。方法如下：我先定下心来坐好，拿一支铅笔乱画，想到什么就写什么，尽量放松。我的手先开始活动，用不了多久，我还没注意到时，便已经文思泉涌了。"

"当然有时候不用乱画也会突然心血来潮，"他继续说，"但这些只能算是红利而已，因为大部分的好构想都是在进入正规工作情况以后得来的。"

"明天"、"下个星期"、"以后"、"将来某个时候"或"有一天"，往往就是"永远做不到"的同义词。有很多好计划没有实现，只是因为应该说"我现在就去做，马上开始"的时候，却说"我将来有一天会开始去做"。

如果你时时想到"现在"，就会完成许多事情；如果常想"将来有一天"或"将来什么时候"，那就将一事无成。

只有行动才能开创美好的明天。

英国前首相本杰明·狄斯累利曾指出，虽然行动不一定能带来令人满意的结果，但不采取行动就绝无满意的结果可言。

因此，如果你想取得成功，就必须先从行动开始。

然而，每天不知会有多少人把自己辛苦得来的新构想取消，因为他们不敢执行。过了一段时间，这些构想又会回来折磨他们。

记住：切实执行你的创意，以便发挥它的价值。不管创意有多好，除非真正身体力行，否则永远不会有收获。

天下最可悲的一句话就是：我当时真应该那么做，但我没有。经常会听到有人说："如果我当年就开始做那笔生意，早就发财了！"一个好创意胎死腹中，真的会叫人叹息不已，永远不能忘怀。如果真的彻底施行，当然有可能带来收获。

你现在已经想到一个好创意了吗？如果有，马上行动。

你一定要制定一个人生的目标，并认真制定各个时期的目标。但如果你不行动，你就像这样的一个人：

此人一直想到北京旅游，于是设计了一个旅行计划。他花了几个月阅读能找到的各种资料——北京的艺术、历史、哲学、文化。他研究了北京地图，定了飞机票，并制定了详细的日程表。他标出要去观光的每一个地点，连每个小时去哪里都定好了。

有个朋友知道了此人对这次旅游的安排，到他家做客时问他："北京怎么样？"

"我想，"这人回答，"北京是不错的，可我没去。"

朋友惊讶地问道："什么？你花了那么多时间做准备，出什么事啦？"

"我是喜欢定旅行计划，但我不愿坐飞机，受不了，所以待在家里没去。"

苦思冥想，谋划如何有所成就，无论如何都不能代替身体力行。没有行动的人只是在做白日梦。

有一个很落魄的青年人，每隔三两天就到教堂祈祷，而他的祷告词几乎每次都相同。

第一次，他来到教堂，跪在圣坛前，虔诚地低语："上帝啊，请念在我多年敬畏您的份上，让我中一次彩票吧！"

几天后，他又垂头丧气地回到教堂，同样跪着祈祷："上帝啊，为何不让我中彩呢？请您让我中一次彩票吧！"又过了几天，他再次去教堂，同样重复他的祈祷。如此周而复始，不间断地祈求着，直到最后一次，他跪着说："我的上帝，为何您听不到我的祈求？让我中彩票吧！只要一次就够了……"就在这时，圣坛上突然发出了一个洪亮的声音："我一直在垂听你的祷告，可是，最起码你也应该先去买一张彩票吧！"

任何时候，只具备完美的计划与决策是远远不够的，成功的关键是积极的行动。人生事业的建立，不只是能知，更在于能行。即使拥有再伟大的目标，如果不付诸行动，也只是画饼充饥。伟大的艺术家米开朗琪罗曾看着一块雕坏了的石头说："这块石头里有一个天使，我必须把她释放出来。"于是，就有了著名的少年大卫雕像。

人生关键点拨

许多人往往只是看见理想或是梦想，却从不采取行动。所以，著名的成功学家布莱克说："只想不做的人只能生产思想垃圾，成功是一把梯子，双手插在口袋里的人是爬不上去的。"

摆脱心中的惰性

一个懒惰而不思进取的年轻人，四处寻找能够克服他凡事提不起劲的良方，却是一直遍寻不获；经过辗转的介绍，年轻人终于找到一位传说中的大师。

大师听年轻人说明来意之后，笑着点了点头，也不多说话，便引导他来到附近的铁路旁边。

一个老式的蒸汽火车头，此时正停在铁轨上。年轻人到了这个地方，不明白大师的用意，只得安静而慵懒地站在一旁，不敢作声。

大师手中拿着一块大小约有 1.5 米见方的小木块，走到铁轨边，将小木块轻轻地放在火车轮子与铁轨之间，让那木块紧紧地卡着火车头的轮子。

随后，大师朝着蒸汽火车头的驾驶员挥了挥手，示意要他开始启动火车头。只听得汽笛高声响起，蒸汽火车头的烟囱开始冒出浓浓的白烟，锅炉烧得正红，蒸汽火车头的马力已全然打开。

年轻人静静地站在一旁，看着驾驶员指挥手下，不断地朝锅炉中添加煤炭，同时将蒸汽火车头的动力开到最大。可是，蒸汽火车头依然丝毫不动。

尽管驾驶员用尽各种方法，仍然无法使蒸汽火车头开始前进。这时，大师又走到铁轨旁，将那块塞住车轮的木块取下，只见整个蒸汽火车头立时动了起来，缓缓加速前进。

大师朝着那位驾驶员挥手道别，转过头来，笑着对男孩道："当这辆蒸汽火车头在铁轨上全力加速之后，时速可以达到 100 千米以上，再加上它本身的重量，哪怕一堵 5 尺厚的实心砖墙，都能够冲得过去！"

大师扬了扬手中的小木块，继续道："可是，当火车头停止在铁轨上时，却只要这样一小块木头，就能让它寸步难移。孩子，你内心的蒸汽火车头，又是被什么样的小木块所阻住了呢？除了你自己之外，没有任何人能帮你拿掉你的惰性，当然也包括我在内。"

年轻人听了大师的一番话，内心大受震撼。从此以后，他拼搏忙碌，绝不让自己停顿下来，克服了自己的惰性，终于成就了无比惊人的事业。

快摆脱心中的惰性吧，懒惰者是不能成大事的，因为懒惰的人总是贪图安逸，遇到一点风险就吓破了胆。另外，这种人还缺乏吃苦实干的精神，总想吃天上掉下来的馅饼。但对成大事者而言，他们不相信伸手就能接

人生关键点拨

有人说过，一个人成功路上能收获多少，有时不取决于优点发挥的多寡，而在于对自身弱点克服的程度。故事中的"小木块"的譬喻就像是雕刻时飞扬的石屑，要雕刻出令自己满意的浮碑铭，就勇敢地举起手中的刻刀，将心中的惰性剔除吧。

到天上掉下来的馅饼，而是相信勤奋者必有所获，相信"勤奋是金"这句话。

确实，一心想拥有某种东西，却害怕或不敢或不愿意付出相应的劳动，这是懦夫的表现。无论多么美好的东西，人们只有付出相应的劳动和汗水，才能懂得这美好的东西是多么来之不易，因而愈加珍惜它，人们才能从这种拥有中享受到快乐和幸福，这是一条万古不易的原则。即使是一份悠闲，如果不是通过自己的努力而得来的，这份悠闲也并不甜美。不是用自己劳动和汗水换来的东西，你没有为它付出代价，你就不配享用它。

斯坦利·威廉勋爵说："一个无所事事的人，不管他多么和气、令人尊敬，不管他是一个多么好的人，不管他的名声如何响亮，他过去不可能、现在不可能、将来也不可能得到真正的幸福。生活就是劳动，劳动就是生活……"

生活不是角斗场，合作才能成功

刘墉先生曾说："合作失败的人常拆伙，因为彼此责难。合作成功的人，也常拆伙，因为各自居功。直到拆伙之后，发现势单力薄，再回头合作，那关系才变得比较稳固。"期望得到赞许和尊重，期望自己成为最闪亮的恒星，这种心理根深蒂固地存在于人的本性中，它就像一种充满野性的激励，没有这种精神刺激，人类进步就完全不可能，但也正因为这是一种非理智的激情，一旦膨胀起来，就会成为个人和团体生存的阻力。

无独有偶，在风景如画的美国加利福尼亚，年轻的海洋生物学家布兰姆做了一个十分重要的观察实验。一天，他潜入深水后，看到了一个奇异的场面：一条银灰色大鱼离开鱼群，向一条金黄色的小鱼快速游去。布兰姆以为，这条小鱼在劫难逃了。然而，大鱼并未恶狠狠地向小鱼扑去，而是停在小鱼面前，平静地张开了鱼鳍，一动也不动。那小鱼见了，便毫不犹豫地迎上前去，紧贴着大鱼的身体，用尖嘴东啄啄西啄啄，好像在吮吸什么似的。最后，它竟将半截身子钻入大鱼的鳃盖中。几分钟以后，它们分手了，小鱼潜入海草丛中，那大鱼轻松地追赶自己的同伴了。

此后数月布兰姆进行了一系列的跟踪观察研究，他多次见到这种情景。看来，现象并非偶然。经过一番仔细观察，布兰姆认为，小鱼是"水晶宫"里的"大夫"，它是在为大鱼治病。鱼"大夫"身长只有三四厘米，这种小鱼色彩艳丽，游动时就像条飘动的彩带，因而当地人称它"彩女鱼"。

鱼"大夫"喜欢在珊瑚礁或海草丛生的地方游来游去，那是它们开设的"流动医院"。栖息在珊瑚礁中的各种鱼，一见到彩女鱼就会游过去，把它团团围住。有一次，几百条鱼围住一条彩女鱼。这条彩女鱼时而拱向这一条时而拱向另一条，用尖嘴在它们身上啄食着什么。而这些大鱼怡然自得地摆出各种姿势，有的头朝上，有的头向下，也有的侧身横躺，甚至腹部朝天。这多像个大病房啊！

> ## 人生关键点拨
>
> 合作具有无限的潜力，因为它集结的是大家的智慧和力量；竞争的所得是有限的，因为它激发的是个人或少数人的力量。帮助别人就是强大自己，帮助别人也就是帮助自己，别人得到的并非是你自己失去的。

布兰姆把这条彩女鱼捉住，剖开它的胃，发现里面装满了各种寄生虫、小鱼以及腐蚀的鱼虫。为大鱼清除伤口的坏死组织，啄掉鱼鳞、鱼鳍和鱼鳃上的寄生虫，这些脏东西又成了鱼"大夫"的美味佳肴。这种合作对双方都很有好处，生物学上将这种现象称为"共生"。

在大海中，类似彩女鱼那样的鱼"大夫"共有45种，它们都有尖而长的嘴巴和鲜艳的色彩。

这些鱼"大夫"的工作效率十分惊人。有人在巴哈马群岛附近发现，那儿的一个鱼"大夫"，在6小时里竟接待了300多条病鱼。前来"求医"的大多是雄鱼，这是因为雄鱼好斗，受伤的机会较多；同时雄鱼比雌鱼爱清洁，除去脏东西后，它们便容光焕发，容易得到雌鱼的垂青。有趣的是，小小的彩女鱼在与凶猛的大鱼打交道时，不但没受到欺侮，还会得到保护呢。布兰姆对几百条凶猛的鱼进行了观察，在它们的胃里都没有发现彩女鱼。然而，他却多次看到，这些小鱼进入大鲈鱼张开的口中，去啄食里面的寄生虫，一旦敌害来临，大鲈鱼自身难保时，它便先吐出彩女鱼，不让自己的朋友遭殃，然后逃之夭夭，或前去对付敌害。

生物都知彼此依靠、共栖共生，人类却痴迷于一时的名利而争个你死我活，过着群雄逐鹿的生活。合作是维持秩序，克服混乱的重要法则，一旦要各自居功、互不相让，这个法则必然遭到破坏，世间的秩序将无从谈起。

每个人的能力都有一定限度，善于与别人合作的人，才能够弥补自己能力的不足，才能达到自己原本达不到的目的。

清末名商胡雪岩，自己不甚读书识字，但他却从生活经验中总结出了一套哲学，归纳起来就是："花花轿子人抬人。"他善于观察人的心理，把士、农、工、商等阶层的人都拢集起来，以自己的钱业优势，与这些人协同作业。由于他长袖善舞，所以别的人也为他的行为所打动，对他产生了信任。他与漕帮合作，及时完成了粮食上交的任务；与王有龄合作，王有龄有了钱在官场上混，胡雪岩也有了机会在商场上发达。如此种种的互惠合作，使胡雪岩这样一个小学徒工变成了一个执江南半壁钱业之牛耳的巨商。

一个人的力量是有限的，但是只要有心与人合作，取人之长，补己之短，就能互惠互利，让合作的双方都从中受益。

有一句名言："帮助别人往上爬的人，会爬得最高。"如果你帮助一个孩子爬上了果树，你因此也就得到了你想品尝的果实，而且你越是善于帮助别人，你能尝到的果实就越多。

第六章

学习——
学习改变人生

学无止境，人生是学习的过程，学习做人，学习做事。只有深处事的智慧才能生活得更加充实。人在一生中面对形形色色的事情，看似毫不相干，实则异曲同工，处事的原则与理念决定成败。在处事中思索生命的内涵，做对了事，也就做对了人。

学海无涯，生命需要不断充实

中国古代学者刘向曾说："少而好学，如日出之阳；壮而好学，如月中之光；老而好学，如秉烛之明。"学习是一种很幸福的事，如同拨一下木火就能使奄奄一息的火苗升腾起大火一样，一个愚笨的脑袋会因为学习而产生变化，所以我们要珍惜这种机会，把学习视作我们的终身职业。在学习的道路上，谁想停下来就会落伍。

在哈佛大学一座教学楼前的阶梯上，有一群即将毕业的机械系大四学生很快就要参加最后一门考试了，他们聚集在一起，正在讨论几分钟后就要开始的考试。他们的脸上显示出很有自信，这是最后一场考试，接着就是毕业典礼和找工作了。

有几个说他们已经找到工作了，其他的人则在讨论他们想得到的工作。怀着对4年大学教育的肯定，他们觉得心理上早有充分的准备，能征服外面的世界。

他们知道即将进行的考试只是轻而易举的事情。教授说他们可以带需要的教科书、参考书和笔记，只要求他们考试时不能彼此交头接耳。

他们喜气洋洋地走进教室。教授把考卷发下去，学生都喜形于色，因为学生们注意到只有5个论述题。

3个小时过去了，教授开始收考卷。学生们似乎不再有信心，他们脸上有难以描述的表情。没有一个人说话，教授手里拿着考卷，面对着全班同学，教授端详着面前学生们忧郁的脸，问道："有几个人把5个问题全答完了？"

没有人举手。

"有几个答完了4个？"

仍旧没有任何动静，

"3个？两个？"

学生们变得有些坐立不安起来。

"那么一个呢？一定有人做完了一个吧？"

全班学生仍保持沉默。

教授放下手中的考卷说："这正是我所预料的结果。我只是要加深你们的印象，即使你们已完成4年工程教育，但仍旧有许多有关工程的问题你们全然不知。这些你们不能回答的问题，在日常操作中是非常普遍的。所以你们还需要在实践中不断学习，不断完善自己的知识技能。"

许多人以为，学习只是青少年时代的事情，只有学校才是学习的场所，自己已经是成年人，并且早已走向社会了，因而再没有必要进行学习。剑桥大学的一位专家指出："这种看法乍一看，似乎很有道理，其实是不对的。

人生关键点拨

"活到老，学到老。"在知识的海洋中，你的智慧只是其中的一粒沙，一滴水，我们拥有的只是一颗饥渴的心灵，要不断地用学习来安慰它。如果故步自封，就只能成为时代的弃儿。

在学校里自然要学习，难道走出校门就不必再学了吗？学校里学的那些东西，就已经够用了吗？"其实，学校里学的东西是十分有限的。工作中、生活中需要的相当多的知识和技能，课本上都没有，老师也没有教给我们，这些东西完全要靠我们在实践中边摸索边学习。

近 10 年来，人类的知识大约是以每 3 年增加一倍的速度向上提升。知识总量在以爆炸式的速度急剧增长，老知识很快过时，知识就像产品一样频繁更新换代，使企业持续运行的期限和生命周期受到最严厉的挑战。据初步统计，世界上 IT 企业的平均寿命大约为 5 年，尤其是那些业务量快速增加和急功近利的企业，如果只顾及眼前的利益，不注意员工的培训学习和知识更新，就会导致整个企业机制和功能老化，成立两三年就"关门大吉"！

联想、TCL 等企业成功的经验表明：培训和学习是企业强化"内功"和发展的主要原动力。只有通过有目的、有组织、有计划地培养企业每一位员工的学习和知识更新能力，不断调整整个企业人才的知识结构，才能对付这样的挑战。

根据剑桥大学的一项调查，半数的劳工技能在 1～5 年内就会变得一无所用，而以前这些技能的淘汰期是 7～14 年。而在工程界，毕业后所学还能派上用场的不足 1/4。

因此，学习已变成随时随地地必要选择。

厚积薄发，积淀你的人生

在知识的山峰上登得越高，眼前展现的景色就越壮阔，而获得知识的唯一途径就是学习。

有人写道：

"你年轻聪明，壮志凌云。你不想庸庸碌碌地了此一生，而是渴望声名、财富和权力。因此你常常在我耳边抱怨：那个著名的苹果为什么不是掉在你的头上？那只藏着'老子珠'的巨贝怎么就产在巴拉旺而不是在你常去游泳的海湾？拿破仑偏能碰上约瑟芬，而英俊高大的你总没有人垂青？

人生关键点拨

厚积薄发，只有不断积累，不断沉淀，才能让你的人生厚重有内涵。

"于是，我想成全你。先是照样给你掉下一个苹果，结果你把它吃了。我决定换一个方法，在你闲逛时将硕大的卡里南钻石偷偷放在你的脚边，将你绊倒，可你爬起后，怒气冲天地将它一脚踢下阴沟。最后我干脆就让你做拿破仑，不过像对待他一样，先将你抓进监狱，撤掉将军官职，赶出军队，然后将身无分文的你抛到塞纳河边。就在我催促约瑟芬驾着马车匆匆赶到河边时，远远地听到'扑通'一声，你投河自尽了。

"唉！你错过的仅仅是机会吗？

"不，绝对不是，你错过的是准备。机会从来只给有准备的人。因此，我们失去的往往不是机会，而是准备。谚语说，有缘千里来相会，无缘对面不相识。'缘'，实质就是'准备'。没有准备的人，绝对与'人'无缘，与'事'无缘。"

特别是在竞争加剧的今天，还没等到过招，胜负早已定了。就像"华山论剑"，最终是靠内功，靠武学的修为和领悟（即学习与创新）而定胜负。因此竞争早就开始，比的就是"准备"，比的是日积月累，比的是"功夫在剑外"。要击败对手，最终的办法就是比对方准备更充分，积累更多。

这种积累和准备，从广义上说，就是知识的积累和准备；从狭义上说，就是心态的准备、目标的准备和行动的准备（调整心态，明确目标，采取行动，都是求知的一部分）。爱迪生说得好："知识仅次于美德，它可以使人真正地、实实在在地胜过他人。"

没有上述一切的知识的准备，你不会找到什么，也不可能碰到什么。

要想成功，就必须牢记："知识就是力量。"成就大事业，一定要记住：年轻时，究竟懂得多少并不重要，只有懂得学习，才会获得足够的知识。

流水不腐，户枢不蠹。这句古语也可以用在人的智力增长上。你只有在工作中不断学习新东西，才能保持思维的灵动，也只有这样，才能跟得上时代的步伐，不致落伍。如果我们不继续学习，我们就无法取得生活和工作需要的知识，无法使自己适应急速变化的时代，不仅不能搞好本职工作，反而有被时代淘汰的危险。

自强不息，永远学习新东西，随时求进步的精神，是一个人卓越的标志，更是一个人成功的征兆。

林语堂先生曾经说过："若非一鸣惊天下的英才，都得靠窗前灯下数十年的玩摩思索，然后才可以著述。"每个人并非天生就是奇才，他所知道的东西比起整个宇宙来，实在是少得可怜，这一切只有通过学习来弥补。

许多人最大的弱点就是想在顷刻之间成就丰功伟绩，这显然是不可能的。其实，任何事情都是渐变的，只有持之以恒，每天坚持学一点东西，才能有助于一个人最后达到成功。

现实生活中有许多人，尽管他们的资质很好，却一生平庸，原因是他们不求进步，在工作中唯一能看到的就是薪水。因此，他们前途黯淡，毫无希望。

无论薪水多么微薄，你如果能时时注意去读一些书籍，去获取一些有价值的知识，这必将对你的事业有很大的助益。一些商店里的学徒和公司里的小职员，尽管薪水微薄，但他们工作很刻苦，尤其可贵的是，他们能趁着每天空闲的时候，如晚上和周末时间，到补习学校里去读书，或是自己买了书来自修，以增进他们的知识。

一个人的知识储备愈多，才能愈丰富，生活愈充实。

品味书中意蕴，阅读丰富人生

读书是我们学习知识的一个重要途径，培根在《论读书》一书中说："读史使人明智，读诗使人聪慧，演算使人精密，哲理使人深刻，伦理使人有修养，逻辑修辞使人善辩。"

相反，一个不读书、不求知的人，他的生活会是怎样的呢？

国学大师林语堂先生这样说：

"那个没有养成读书习惯的人，以时间和空间而言，是受着他眼前的世界所禁锢的。他的生活是机械化的、刻板的，他只跟几个朋友和相识者接触谈话，他只看见他周遭所发生的一切事情。他在这个监狱里是逃不出去的。

"但是，如果他开始走向读书、求知道路的话，那么一切都将改变。即使他只是开始读一本书。

"他立刻走进一个不同的世界。如果是一本好书，他便立刻接触到一个世界上最健谈的人。这个谈话者引导他前进，带他到一个不同的国度或不同的时代，或者对他发泄一些私人的悔恨，或者跟他讨论一些他从来不知道的学问或生活问题。"

"读一本好书，就是和许多高尚的人谈话。"这是歌德读书的经验。

那么，怎样读书才能得到最好的效果呢?

首先要多读。

所谓多读，有两层含义：一是指读的书数量多,内容广;二是指对有价值的文献书籍读的次数多,达到"滚瓜烂熟"的境地。

伟人毛泽东对读过的一些散文和诗词经常能达到背诵的程度，在晚年时还能轻松地背诵 500 多首古诗词。他对很多小说的重要段落，也经常能一字不差地背下来。许多在他周围工作的大学生都自叹不如。

毛泽东一生酷爱的史书，便是一套线装的《二十四史》，它陪伴了他几十年，无数次地翻阅，使得这套书的封面都被磨破了。

到 1975 年，毛泽东已病魔缠身，就连写字时手都打战，但是他还在许多书上亲手写下"1975.7 再读"、"1975.9 再读"等字样。他对司马光的《资治通鉴》尤为喜爱，在一生中，他竟将《资治通鉴》通读了 17 遍之多，而且在其中做了大量的批注。

二是多写。

毛泽东说："不动笔墨不读书。"可见，做笔记、写随感等也是读书的重要方法。

三是多想。

读书时的多想，是指读书时不仅要准确把握作者的思想，要将自己的观念与其对照，并将自己对书的一些看法用笔"谈"出来，仿佛与作者切磋一般。这种"笔谈"使读书变成了反复思考的过程。

四是多问。学问，讲的是又"学"又"问"。我们做学问时，不但要好学，还要好问。多问有助于读书人博采众长，举一反三，进行新推理和新想象等多种思维的锻炼，有助于培养读书人严谨求实的学习态度，有助于提高读书人慎思慎取的能力。

掌握学习的方法

学习看似简单，其实也有很多学问在里面，很多人终其一生也没有学会怎样学习。

从古至今，人类积累了大量的学习经验，有一些被反复的实践检验证明为极有成效的学习方法，现摘要介绍如下。

一是问题导向学习法。

问题导向学习法是指学习者把自己在学习过程中所遇到的一系列小问题作为具体的目标，并给它们输入相应的知识，最终实现总的学习目标。这样，学习者在整个学习中就始终是处在问题的引导下，而带着问题来求解了。

运用这一方法的要求是：学习者不断提出问题，并不断通过学习去求解，促使思维运动，从而达到积极投入、主动参与的目的，明显提高学习效率。

二是设问推理学习法。

运用这一方法的要求是：学习者对正在学习的知识，多问几个为什么，并且推敲其立论的依据，让学习者在不断的分析中吸收知识。

设问的方式主要有以下几种：

(1) 比较设问——通过比较发现差异，提出疑问。

(2) 反向设问——从反面提出问题。

(3) 推理设问——进行一般的逻辑推理，看看是否有足够的说服力。

(4) 变式设问——改变起因、角度、条件等因素，看看结论有何不同。

(5) 极端设问——把事情推向极端，看看会暴露出什么样的问题。

三是流行于美国的 LOVE 法。

这是深受美国人喜爱的一种学习方法，LOVE 是英文 Listen（听）、Outline（写出纲要）、Verbalize（表述）、Evaluate（评价）4 个词的词头缩写。运用这一方法，要求有两个或两个以上的人参加，具体做法如下：

（1）听。一个人以缓急适度的速度朗读，直到读完某一部分，由其他人认真地听和摘要地记。听者可以要求朗读的人改变速度，或者要求朗读者重复某些内容，朗读者应尽量满足听者的要求。

（2）写。朗读之后，听者要摘要写出内容的纲要，尽量做到条理清晰，突出重点。

（3）表述。听者以纲要为基础，向读者复述这些内容，要尽可能详细、准确、全面。

（4）评价。读者根据材料评价复述的准确性和完整性，在发现错误时，及时予以更正。

在这一部分的内容完全掌握以后，再进行下一部分。这时，可互换角色。

这种学习方法的优点是：突出了学习上的互帮互助，并利用活泼的形式，激发出许多精神能量，直接面向重点，有效地增强记忆效果。

四是 SQ3R5 步法。

此方法备受学习者的青睐，是我们应重点掌握的一种方法。SQ3R 是英文 Survey（纵览）、Question（提问）、Read（精读）、Recite（复述）、Review（复习）的词头缩写，相应的有 5 个步骤：

（1）纵览——拿起一本书后，先浏览一遍，了解全书内容，可以试着读一下作者的序言，研究一下书的目录和索引，看一看各章的介绍。这时，学习者要记得自己的学习目的，如果发现这本书与目的不符，或文笔不好，或难度太大，则要马上停止。

（2）提问——快速地浏览全书，并不断地给自己提出问题，思考书中提出的那些观点。在一些文笔好的书中，作者往往用一些明确的问题作为下面内容的"引子"，或者让你在读书时始终面临一些问题的情景。凡有头脑的人是不会只是一味地"读书"的，如果你能坚持带着问题去读，很快你就会养成用批判的眼光读书的习惯。

（3）精读——从头到尾一字不漏地读全书，对不理解的部分可反复阅读。阅读时，要记住各部分的主题和重点。读的过程中还要经常翻到前面的内容，以便回忆起某些事实。

（4）复述——读书不是要对字句死记硬背，而是要牢固地掌握文章的基本要点。复述时，要把书放在一边，努力去想读过的内容。复述本身并无价值，但是你如能借此积极主动地阅读，那么每次复述都会加深对材料的理解。

(5) 复习——一般在上一阶段结束一两天后进行，三四天后再进行一次。我们都有这样的经历：学过的许多细节在记忆中消失得非常快，常常大约在 1 小时之后就都忘记了。为了防止过早发生遗忘的情况，你就要尽早地进行温习。

一般来说，SQ3R 法适用于精读。为了更好地体会这 5 个步骤，你可以挑选几部值得精读的书，仔细地、一步一个脚印地试几次，直到这种学习成为你的自觉行为。

学习者本人应根据一定的标准，采用一定的方法，对自己想取得的和已取得的学习效果之间的差异进行分析和评价，以找出经验和教训，通过自检，可以获得大量的反馈信息，从而调整和控制自学，并得到成功的鼓励或失败的鞭策，把自己的学习行为导入一个更为有效的途径。

生活本身是老师

由于各种条件的限制，不是每个人都有机会参加系统的学习培训，但这不能成为我们不学习的理由，学习是随时随地可以进行的，而且，生活本身就是最好的老师，最重要的学习就是从实践中学习。

一位著名企业家曾回忆起他的"生活课堂"："在我很小的时候，舅舅就带我去一个集镇，他让我在旁边待一下，然后他说他出去办件事情。我就蹲在旁边，我的舅舅回来对我说，你知不知道旁边的这些鸡蛋的价格是多少，我说我不知道。接着，他又问旁边的草鞋多少钱一双，我说我也不知道。我舅舅就对我说：'你没有别的事情，就蹲在这个地方。可你为什么不关心周围的事情。今天关心一下周围的事情，明天就可能变成你的知识，变成你的财富。'这句话在我很小的时候影响特别大。所以我从小就养成了一个习惯，在日常的时间我就非常关心周围的事物，博览群书，去增加知识的积累。这些东西可能暂时派不上用场，但是这种对周围事物的敏感，有利于以后在生意场上对商机的把握。"

人们对于书上的是非叙述，往往只当作是一种知识形态，因此不大受震撼。生活中的人和事才使他们受到了真正的震撼。

20世纪80年代，某矿山的一辆客车送矿工们去城里办事，车中途抛锚，司机下去修车时车正停在一处斜坡之上。公路很窄，一边就是悬崖，但矿工们对这一切都司空见惯，不足为怪了，大家嘻嘻哈哈高声地开着玩笑。突然，车身动了起来，并且慢慢地向后倒退——原来是垫车轮的石头滑脱了。车子倒退得越来越快，司机却被关在车门之外，拼命追赶也无济于事，车内的矿工们都惊呆了，谁也不知道该如何将车停住。眼看车子就要滑下悬崖，却"吱嘎"一声巨响，奇迹般地停了下来。惊魂甫定的众人定睛一看，刹住车的却是一位抱着小孩的妇女，是她放下小孩，俯下身去，用双手紧紧地按住了刹车板……一个重大事故就这样被避免了。当时，人们都将这位妇女当作心目中的英雄看待。闻讯赶来采访的记者问她以前是否驾驶过汽车，她摇摇头说："没有。我只是留心看过别人开汽车，知道哪是刹车而已。"

学习书本教给你更多的是前人精心写就的理论，而生活教给你的却是随时可以用到的知识。高尔基说过，社会是他的大学。我们每个人也都应记住，生活是最好的老师。

刚刚走出校门的大学生永强在碰了许多钉子之后，站在了一家外企人事部的招聘桌前。一个戴着眼镜的中年人用英语问了他一些平淡如水的诸如"你为什么要来本公司"之类的套话，在听完永强不甚流利的英语回答之后，他拿出一个包装纸盒，问："这是用来装什么的？"永强接过来，仔细看了看，外包装的说明是用英文写的，但关键词即盒子所装的内容却是一个从未见过的单词。永强

人生关键点拨

知识，正是人类在长期改造自然的过程中发现的，因此，各种知识间也是相互联系的。正如鲁迅先生所说，要"用自己的眼睛去读世间这一部活书。"如果你想能尽快、尽好地读透"有字之书"，必须结合读"无字之书"，才能记忆深刻、牢固。

傻眼了，脸憋得通红，正在一筹莫展的时候，他瞥了一眼纸盒的另一面，另一面是对应的一篇日文说明，相关部位的名称正是他再熟悉不过的了，他脱口而出："葡萄干！"招聘者脸上露出会心的微笑，用手指了指后面的总经理办公室——永强过了第一关，很多英语比王红强流利得多的俊男靓女却因为这个单词而被挡在了门外，而他也是在无意之中认识的这个日文日常用词。

生活是一本永远读不完的百科全书，读书学习获取知识诚然重要，但在生活中探求真知也是必不可少的。

所以，每个人不仅应该苦读与爱好、兴趣、职业有关的"有字之书"，同时还应该领悟生活中的"无字之书"。

通过阅读"有字之书"，你可以学习前人积累的知识、前人学以致用的经验，并从中加以借鉴，避免走岔道、走弯路；通过读"无字之书"，你可以了解现实，认识世界，并从"创造历史"的人那里学到书本上没有的知识。

百科全书与实用主义

随着时代的发展，人们已认识到，知识与能力并不完全是相等的，知识并不等于能力。21 世纪对能力定义的新要求，迫使人们重新审视自己所学的知识。

但不管时代怎样发展，你都应使头脑保持清醒，你必须清晰明了地理解知识与能力的关系。

培根在提出"知识就是力量"的口号以后，又明确地指出："各种学问并不把它们本身的用途教给我们，如何应用这些学问乃是学问以外的、学问以上的一种智慧。"

有了知识，并不等于有了与之相应的能力，运用与知识之间还有一个转化过程，即学以致用的过程。中国有句谚语："学了知识不运用，如同耕地不播种。"

如果你有很多的知识但却不知如何应用，那么你拥有的知识就只是死的知识。死的知识不能解决实际问题。

因此，你在学习知识时，不但要让自己成为知识的仓库，还要让自己成为知识的熔炉，把所学知识在熔炉中消化、吸收。

你应结合所学的知识，参与学以致用的活动，提高自己运用知识和活化知识的能力，使你的学习过程转变为提高能力、增长见识、创造价值的过程。

你还应加强知识的学习和能力的培养，并把两者的关系调整到黄金位置，使知识与能力能够相得益彰、相互促进，发挥出巨大的潜力和作用。

知识只有在运用中才会发挥它的巨大作用，这也正是成功者之所以能做成大事的关键所在。将知识转化为财富，就要养成良好的学以致用的习惯，从而所学能为你所用。

读万卷书，行万里路，是说人要有较多的知识和丰富的阅历，也就是要人们能理论联系实际，善于利用知识处理各种事情。丰富的阅历是成大事者不可缺少的资本，所以，我们不但要注重书本知识，也要注重将书本的知识运用于实践之中。

清朝有一个姓张的读书人。他讲古书时，滔滔不绝，讲得头头是道。可是，若让他去处理世事时，他却显得很迂腐。

有一天，他得到了一部兵书，如获至宝，把自己关在家里读了好几天，并自以为熟通兵法了。

正好，有一群土匪聚众闹事，于是他就召集乡兵，前去平乱。

可是，在他按兵书上所说的作战示意图行事之后，在初次交锋时，就被土匪击溃，他自己也险些被土匪抓走。

后来，他又得到了一部关于水利方面的书，对书进行一番苦读之后，他认为他已能让所有土地变成良田。于是让人按他的图纸兴修水利，结果水从四面八方的沟渠流进了村里，险些把村里的人全部淹死。

这个故事听起来让人捧腹，但是也让人深思，它嘲讽了那些一切以书为法的读书人，这些书呆子不能对书本知识进行变通，不知道把学与用结合起来，所以导致了不堪设想的后果。

人类为了让知识造福于自己，才对知识

人生关键点拨

如果你不以纸上得来的东西为满足，那么就应把书上的知识运用到实际中去，这样不但可免于浮躁，还可为社会创造财富，并在学以致用中获得更多更丰富的知识。

进行学习和掌握。如果不学以致用，那么再好的知识也是一堆废物。

南宋著名诗人陆游曾在《冬夜读书示子》中对他的儿子进行劝勉道：

古人学问无遗力，少壮功夫老始成。

纸上得来终觉浅，绝知此事要躬行。

让自己成为专家

有一个自以为是全才的女孩，毕业以后屡次碰壁，一直找不到理想的工作。她觉得自己怀才不遇，对社会非常失望，因为她感到，是因为没有伯乐来赏识她这匹"千里马"。

痛苦绝望之下，她来到大海边，打算就此结束自己的生命。

在她正要自杀的时候，正好有一个老妇人从这里走过，救了她。老妇人就问她为什么要走绝路，她说自己不能得到别人和社会的承认，没有人欣赏并且重用她……

老妇人从脚下的沙滩上捡起一粒沙子，让女孩看了看，然后就随便地扔在地上说："请你把我刚才扔在地上的那粒沙子捡起来。"

"这根本不可能！"女孩说。

老妇人没有说话，接着又从自己口袋里掏出一颗晶莹剔透的珍珠，也是随便扔在了地上，然后对女孩说："你能不能把这个珍珠捡起来呢？"

"这当然可以。"

"那你就应该明白是为什么了吧？你应该知道，现在你自己还不是一颗珍珠，所以你还不能苛求别人立即承认你，如果要别人承认，那你就要由沙子变成一颗珍珠才行。"

故事告诉我们，当我们去抱怨现实对我们的不公之时，先问一下自己到底是珍珠还是沙子。如果暂时还不是珍珠，那就努力让自己成为珍珠，相信沙子再多，也掩盖不住珍珠的光彩。

——你是否真的走在前进的道路上？

——你是否像画家仔细研究画布一样，仔细研究职业领域的各个细节问题？

——为了拓宽自己的知识面，或者为了给你的老板创造更多的价值，你认真阅读过专业方面的书籍吗？

——在自己的工作领域你是否做到了尽职尽责？

如果你对这些问题无法做出肯定的回答，那么这就是你无法取胜的原因。

无论从事什么职业，都应该精通它。让这句话成为你的座右铭吧！下决心掌握自己职业领域内的所有问题，使自己变得比他人更精通。如果你是工作方面的行家，精通自己的全部业务，就能赢得良好的声誉，也就拥有了一种潜在的成功秘密武器。

此外，要想成为工人中的权威人物，还要学会主动给自己"加压"，把工作中的压力变成学习的动力。到公司的第一年，你可能是个毛头小伙子，那第二年、第三年呢？要想增加自身的含金量，非得主动加压不可。

任何努力都有回报，或许在你默默地给自己加压的时候，你的上司已在一旁微笑着注视你了。

一个年轻人就个人努力与成功之间的关系请教一位伟人："您是如何完成如此多的工作的？""我在一段时间内只会集中精力做一件事，但我会彻底做好它。"

如果你对自己的工作没有做好充分的准备，又怎能因失败而责怪他人、责怪社会呢？现在，最需要做到的就是"精通"二字。大自然要经过千百年的进化，才长出一朵艳丽的花朵和一颗饱满的果实。但是在当前社会，年轻人随便读几本法律书，就想处理一桩桩棘手的案件，或者听了两三堂医学课，就急于做外科手术——要知道，那个手术维系着一条宝贵的生命啊！

人生关键点拨

当自己成为沙滩上的珍珠，便会轻易被人捡起，当你成为同行中的翘楚，便会在职场中鹤立鸡群，让自己成为专家，让自己变为不可或缺的，便能真正体现自己的价值。

更多资源获取
扫码

活到老，学到老

知识会让你有很多收获，它也时刻为你的形象注入活力。随着时代的进步，科技的发展，你原来学习到的、赖以生存的知识、技能也一样会折旧，甚至被淘汰。知识落伍之人在别人面前的形象也就黯然了许多。如果面对新知识、新技能，你脚步迟缓，不善于去学习，那么在风云变幻的人生赛场，你就会很容易被淘汰出局。

学习之为善，在于其本身，它是一切美德的本源。对于"学习"这个问题，犹太人是最有发言权的。

"忍冻学习的西勒尔"的故事，是一个为犹太人熟悉的故事：

名垂千古的西勒尔年轻的时候，抱着一个很大的希望，那就是专心致志研究《塔木德》。可是，他没有足够的时间，也没有充裕的金钱。因为他实在太穷了。

在左思右想之后，他终于发现了一个办法：拼命地工作，靠工钱的一半过活，把剩下的钱送给学校的看门人。

"这些钱给你，"西勒尔对看门人说，"不过，请你让我进学校去听课，我很想听听贤人们在说什么。"

西勒尔就靠着这种办法听了不少课，可是他的钱实在太少了，到最后他连一片面包也买不起。这时候，看门人坚决地拦住了他，不再让他走进学校一步。

怎么办呢？他终于找到了一个好办法。他沿着学校的墙壁慢慢爬上去，然后躺在天窗边。这时候，他就可以清楚地看见教室里面上课的情形，也可以听到教师讲课的声音。

安息日前夕，天寒地冻，冷风刺骨。第二天，学生们照常到学校去上课，屋外阳光灿烂，可是屋里却漆黑一片。

原来，西勒尔躺在天窗上，已经被冻得半死。他在天窗上已经躺了整整一夜了。

从此以后，凡是有犹太人以贫穷或者没有时间为借口不去求学，人们就会这样问："你比西勒尔还穷吗？你比他还没有时间吗？"

活到老，学到老。还有一个犹太人的故事生动阐释了这句名言。拉比·阿基瓦是一个贫苦的牧羊人，直到 40 岁才开始学习，但后来却成了最伟大的犹太学者之一。

拉比·阿基瓦在 40 岁之前什么都没有学过。在他与富有的卡尔巴撒弗阿的女儿结婚之后，新婚妻子催他到耶路撒冷学习《律法书》。

"我都 40 了，"他对妻子说，"他们都会嘲笑我的，因为我一无所知。"

"我来让你看点东西，"妻子说，"给我牵来一头背部受伤的驴子。"

驴子牵来后，她用灰土和草药敷在驴子的伤背上，于是，驴子看起来非常滑稽。

他们把驴子牵到市场上的第一天，人们都指着驴子大笑。第二天又是如此，但第三天就没有人再理那头驴子了。

"去学习《律法书》吧，"阿基瓦的妻子说，"今天人们会笑话你，明天他们就不会再笑话你了，而后天他们就会说：'他就是那样。'"

阿基瓦妻子的意思就是他 40 岁去学习，即使别人会嘲笑他，但是第三天就不会嘲笑了，因为什么时候学习都不迟。

因此，犹太人常把阿基瓦说过的一句名言挂在嘴边："此时不学，更待何时?"以此激励自己或鼓励别人去学习知识。

只要是活着，犹太人总是不停地学习。所有的犹太人一向秉持着这样一种观念：肯学习的人比知识丰富的人更伟大。

在犹太人眼中，学问不只是学习，而是以本身所学为基础，自行再创造出新东西的一种过程。学习的目的，不在于培养另一个教师，也不是人的拷贝，而是在于创造一个新的人。

在犹太人看来学生有 4 种：海绵、漏斗、过滤器、筛子。

海绵把一切都吸收了；漏斗是这边耳朵进那边耳朵出；过滤器把美酒滤过，而留下渣滓；筛子把糠秕留在外面，而留下优质面粉。

因此，学习知识，应该去做筛子一样的人，只有学习才能使人更接近完美。

第七章

口才——
你的口才价值百万

口才是一门艺术，是在纷繁复杂的现实生活中，学会深刻地领悟语言的真 。学会如何说话，并掌握口才的艺术，才能让你在与人交往时游刃有余。在生活、工作中，也许只需一句话，你就得到了机会；同样，只差一句话，你就丧失了良机。掌握说话的艺术与原则，能够让你如鱼得水，左右逢源！

不一样的口才，不一样的人生

言语是思想的衣裳，它能完全地表现出一个人。一个粗浊或优美的品格，在粗浊或优美的措辞中会自然地流露出来。人们最喜欢那种出自真诚的言语。

一个人虽然不一定能完全说出自己，但却多数能鉴别及透露自己。在不知不觉中，在有意无意间，在别人的眼前，他往往以每一句话描绘出自己的轮廓与画像。

言语是一种严肃的东西，有口才的人决不会滥用它。同时也劝你不要强求别人听你的话；如果别人不愿意听，最好还是住口不说。因为对方或许对言语的重要性有相当的认识，以致无法乐观地接受。

自以为永远说得不够的人，常流于多言而必定是多言多失。长舌头与头脑简单往往结成亲家。最要紧的是说得少又说得好，那便可被称为懂得说话的艺术。

人心不同，各如其面。各人的生活经验，思想情感，千差万别，如果我们不能善于跟各式各样的人交谈，讨论，我们必然陷于孤随寡闻和自以为是了。孤陋寡闻，而又自以为是的人，正是一个到处都不受欢迎的人。而且，每个人只要想一想：自己的各种看法、意见、兴趣和主张，是不是天生就有的呢？是不是一成不变的呢？是不是从来没有错过呢？答案一定为：不是。正相反，它们是慢慢地经过长期培养而成形的，并且它们是会经常改变的。

人们平常似乎很少人知道谈话在生活中有这么宝贵的价值。人们常常安排自己的生活、办公、看电影，可是很少安排自己去找一些什么人，好好地谈几个小时的话。

人们没有想到在一起谈些什么好，人们很少替客人们互相介绍，使他们在一起谈些共同有兴趣的事情。人们也没有想到，必要的时候，自己带头谈起一个所有客人都会有兴趣的话题。特别不要使那些没有熟人的客人感到闷气、难堪，只呆呆地无聊地一声不响地坐在那里。在拜访人的时候，人们穿得很整齐。可是对于见了人之后，应该讲些什么，却模糊得很。有许多人不但没有随时准备和别人谈话，事实上，简直有点怕谈话，甚至于觉得谈话是很讨厌麻烦的一件事。有的人害怕遇见陌生的人，见了比其地位高一点的人，他们就不但害怕，而且还有点儿害羞。如果遇到不得不参加的会议时，他们坐在那里，除了举手表决以外，什么事也不做，他们不能站起来反对，补充自己的意见，也不能反驳，批评人们反对的意见。

为什么人们变成这样的人呢？可能是因为从小缺乏集体生活，对人太不了解；也可能是因为某几次谈话失败了，为了避免谈话的失败，于是索性就不肯开口；也可能是误解了多做事、少说话的真意，把不说话当作一种美德；也可能是受了"祸从口出"这个成语的影响觉得不说话是一种保护自己的安全之道。

美国学者戴尔·卡耐基认为，一个人若既没有擅长于辞令的才智，也没有缄口不言的判断力，那是一件可悲的事。

拥有卓越的口才，是每个人心中的梦想和不懈追求的方向，更是建立良

人生关键点拨

说话看似简单，其实暗藏玄机，不一样的口才会造就不一样的人生。

好人际关系和走向成功的通行证。公元前，埃及一个年迈的法老，谆谆告诫即将继承王位的儿子说："当一个雄辩的演讲家，你才能成为一个坚强的人……舌头就是一把利剑，演讲比打仗更有威力。"不言而喻，口才的作用是巨大的，千百年来，口才一直受到人们的重视。

我国南北朝时期的大评论家刘勰在《文心雕龙》一书中，曾高度评价口才的作用："一言之辩，重于九鼎之宝；三寸之舌，强于百万之师。"春秋时，毛遂自荐使楚，口若悬河，迫使楚王歃血为盟；战国时，苏秦游说诸侯，身挂六国相印，促成合纵抗秦联盟；东汉末，诸葛亮出使东吴，舌战群儒，说服吴主孙权联刘抗曹，终获赤壁大捷；新中国成立初，周恩来奔走各国，谈笑风生，言谈间卷舒风云，树立了中国外交新形象；二战时，罗斯福、丘吉尔慷慨陈词，雄辩滔滔，唤起千万人民与法西斯决一死战的信心，扭转了世界局势；20 世纪 80 年代，撒切尔夫人妙语连珠，精心打造"铁娘子"时代……口才在他们那里，已然成为一种攻无不克的法宝。

如今，随着传播手段的愈加现代化，社会竞争的日趋激烈以及人与人之间关系和交往的密切，在社会生活的各个领域，能说会道、能言善辩、口才卓越的人越来越显现出一种特有的优势。他们在各种场合充分发挥着自己的聪明才智。卡耐基说："一个人的成功，有 15% 取决于知识和技术，85% 取决于沟通——发表自己意见的能力和激发他人热忱的能力。"而大文豪蒙田也说过："语言是一种工具，通过它我们的意愿和思想就得到交流，它是我们灵魂的解释者。"越来越多的人把口才和原子弹、电脑并称为当今社会制胜的三大武器，并提出"知识就是财富，口才就是资本"的新理念。

言辞达意，说出你要说的

许多人说话，说了很多，别人听来依旧一头雾水、不知所云，其实是说话者词不达意，没有准确传达出自己的意思。在打长途电话时，说话者多是讲短话的。原因显而易见：一是非十分紧迫的问题不轻易打长途电话，这就使他牢记谈话的中心，突出中心；二是谈话时间限制得紧，每秒钟都要付出"代价"，迫使自己对说话的时间给予严格的限制。

评书里有句常用语，叫"有话则长，无话则短"，此话并不妥当，应改成"有话则短，无话则免"。在捷克著名作品《好兵帅克》中，作家哈谢克塑造了一个说话抓不住要点，啰里啰唆的克劳斯上校的形象，颇有典型意义。有一次，他对人家说："诸位，我刚才提到那里有一个窗户。你们都知道窗户是个什么东西吗？一条夹在两道沟之间的路叫作公路。诸位，那么你们知道什么叫作沟吗？沟就是一批工人所挖的一种凹而长的坑，对，那就是沟。沟就是用铁锹挖成的。你们知道铁锹是什么吗？就是铁做的工具。诸位，我说得不错吧，你们都知道吗？"上述的话所以又长又啰唆，是因为他没有抓住自己最主要的表达对象去陈述，而是枝节横生一些与中心无关的次要事物，也不管听话对象是否早已懂得。这不但使整段话显得零零碎碎，而且拖长了时间。

有一条船航行至海中时，突然狂风吹来，船马上就要沉了。船长忙命大副去叫乘客弃船而逃，结果大副去了半天，悻悻而回，说道："他们都不愿跳下去，对不起，我实在没有办法了。"

船长一看，只好亲自到甲板上去，不一会儿，便微笑着回来了，他说："都跳下去了，我们也走吧！"

大副很惊异地看着他，问道："你是怎么劝说他们的呢？"

船长说："我首先对那个英国人说——作为绅士，应该做出表率——是他跳下去了；接着，我又板着脸对那个德国人说——这是命令——于是他也跳下去了；我又对那个法国人说——那种样子是很浪漫而且潇洒的——他也跳下去了；大副一听，简直佩服得五体投

人生关键点拨

说话的条理是否安排得好，首先取决于说话者对所说的内容是否有深刻、正确的认识，特别是要抓住其本质和内部联系。根据中心去安排结构，考虑内容为几个部分，哪里先说，哪里后说，哪些详细叙述，哪些简略交代。

地："太妙了，长官，那么你是怎么对美国人说的呢?"船长说："我说——我们给您交了保险的，先生。那家伙赶紧夹着皮包跳下水去了!"

船长针对不同的人，总结归纳出了他们各自的民族特点，并针对这些特点，采用了不同的说法。每个人都明白他所要表达的意思，对于大副没有完成的任务，船长很轻松地就解决了。这告诉了我们一个道理：当我们在谈判桌上说服他人时，要想使自己的语言信号准确无误地传达给对方，就必须分析对方的性格，因人而异，才会收到预期的效果。否则，就很可能是对牛弹琴了。光是使自己的谈话抓住中心还不行，既然说话是交流思想，那么不但自己要能比较迅速地理解别人说话内容的中心，以便做出恰如其分的回答，而且遇到对方表达能力不强，没有抓住中心时，我们还要向对方明确地给予提示或引导。下面的对话就是一个例子。

教授：在日食的时候，会出现什么现象?

学生：有很多人跑出来看。

教授：我指的是太阳本身。

教授一提示，就把话题转过来了，使对方抓住了中心。

讲话有时内容很多，作为讲话者来说，叙述有条理，不但有利于突出观点，而且听者也容易记住。

交际语言是一门艺术

言谈举止能直接反映出一个人是博学多识还是孤陋寡闻，是接受过良好教育还是浅薄粗鲁。一个不善言谈、沉默寡言的人很难引起众人注意。在社交中能侃侃而谈，用词高雅恰当，言之有物，对问题剖析深刻，反应敏捷，应答自如，能够简洁、准确、鲜明、生动地表达自己思想与情感的人，就会表现出不同凡响的气质和风度。

理想的交谈是思想的交换，可是，很多人却以为理想的交谈是一个人机智或口才的精彩表现。我们大多数人都应该庆幸，因为要使别人乐于听我们讲话，并不像想象的那么困难。

怎样让别人喜欢听你讲话呢?

(1) 说话要有善意。这里所说的善意，也就是与人为善。我们与别人说话的目的，在许多情况下是希望让对方了解自己的真实用意。所以，只要这个目的能够达到，就没有必要特意挑剔。

(2) 说话要尽量客观。有些人在说话时动不动就夸大其词，这样，无论听者或是被说到的人，难免会产生反感，认为这人说话有点不着边际。比如，明明是一对男女青年在正常地说话，他可以把别人说成是在谈情说爱；明明别人是在争论问题，他却说成是"碰在一起就争争吵吵闹个没完"。像这样信口开河的说话习惯，很容易惹是生非。

(3) 提高说话能力。会说话的人一般都具有以下特点：①充满热情，让人感觉到，他们对于生活中所从事的各种活动怀着强烈的感情，而且他们听别人说话也会很认真。②能从崭新的角度看事情，能从大家熟悉而又不在意的事物中提出令人意料不到的观点。不会喋喋不休地谈论自己。不表白，不自吹。③有好奇心，他们经常对某件事追根究底，表现出想要知道得更多的兴致。④有宽广的视野，他们思考、谈论的题材超出自己生活的范畴，既实事求是又纵横千里。⑤有自己的谈话风格，个性鲜明、惹人喜爱。⑥有同情心，他们会设身处地替他人分忧。⑦有幽默感，不介意开自己的玩笑。

作家丁玲回忆与鲁迅先生谈话时说："鲁迅先生谈吐深刻、严密、有力而又生动，句句吸引我们。渐渐谈下去愈来愈强烈地发射出真挚的热情，又有一种严峻的强大威力，从他瘦削的脸上透出来。"言谈如果能使人听得入迷，产生一种"听君一席话，胜读十年书"之感，那么别人就会心甘情愿地听你说。然而，高雅的谈吐是无法伪装出来的，卖弄华丽的辞藻，只会显得浅薄浮夸；过于咬文嚼字，又会使人觉得酸涩难懂。交际中应做到不背后议论人，讲话注意分寸，要背后表扬人，

人生关键点拨

要想说好每一句话必须自我长期训练，切实把握每一个学习的机会，久而久之，自然能完整表达自己的意思，并具有说服力。良好的语言表达能力是在日常生活中培养而成的，只要在平日多加留意，不但可增添自己的魅力，也会带给他人难忘的印象。

多讲他人优点，少当面批评人，指正其缺点，尤其不要油嘴滑舌，不要讲粗话。

无论是日常生活的寒暄，或是正式场合的交谈，说话都要谨慎，尤其是注意用词，要根据场合、对象说最恰当的话。不适当的言语，不仅是不礼貌的行为，同时也易得罪他人。该说的时候不说，不该说话时却滔滔不绝，都是不礼貌的行为。

日常生活，巧妙沟通

在日常生活中，人们往往会遇到不便直言之事，只好用隐约闪烁之词来暗示。一位顾客坐在一家高级餐馆的桌旁，把餐巾系在脖子上，这种不文雅的举动很是让周围其他顾客反感。经理叫来一位服务员说："你让这位先生懂得，在我们餐馆里，那样做是不允许的，但话要说得尽量含蓄。"

怎么办呢？既要不得罪顾客，又要提醒他。服务员想了想，走过去先帮那位顾客旁边的人铺好餐巾，然后很有礼貌地问了那位顾客一句话，说："先生，需要帮忙吗？"话音刚落，那位顾客立即意识到自己的失礼，赶快取下了餐巾。

某人到一对年轻夫妇家做客。年仅 4 岁的小主人公大声地对这位客人说："叔叔，爸爸昨晚又打妈妈了。"年轻的女主人嗔怪地瞪了女儿一眼，表情甚为尴尬。见状，客人随机应变，对孩子说："云云，你爸爸和你妈妈不是在打架，他们昨晚是在做'老鹰捉小鸡'的游戏呢！你看，是不是这样，嘎，嘎，嘎……"小女孩天真地笑了起来，女主人脸上的尴尬也消失了。

日常生活中，说到对方的缺点错误时，人们也倾向于用含蓄的办法，目的是为了尊重别人，避免刺激对方，以期收到更好的效果。

有一位市场的营业员，遇到一位顾客买菜时，把黄菜叶都摘掉了。营业员说："小心别碰掉菜叶。"营业员有意把已发生的事说成提防发生的事，把有意地"摘菜叶"说成无意地"碰"，这样既达到了不准顾客摘菜叶的目的，又不得罪顾客。

尤罗克是美国著名的剧团经理人，在很长时间内和夏里亚宾、邓肯、巴芙洛丽这些名人打交道。尤罗克说，同这些明星打交道他领悟到了一点，就是必须对他们的荒谬念头表示赞同。他曾为在纽约剧院演出过的最著名的男低音夏里亚宾当了 3 年的剧团经理人。夏里亚宾是个令人头痛的人。有一次，在有他演出的那一天，尤罗克给他打电话，他却说："我感觉非常不舒服，今天不能演唱。"尤罗克先生没有和他争吵。因为尤罗克知道，剧团经理人是不能和人争吵的。他马上就去夏里亚宾的住处，压住怒火对他表示慰问。

> **人生关键点拨**
>
> 生活是一门艺术，日常生活需要巧妙沟通，才能将琐碎的小事完美融入生活的乐章。

"真可惜，"他说，"你今天看来真的不能再演唱了。我这就吩咐工作人员取消这场演出。这样你总共要损失 1000 元左右，但这对你能有什么影响呢？"

夏里亚宾长吁了一口气说："你能否过一会儿再来？晚上 5 点钟来，我再看感觉怎样。"

晚上 5 点钟，尤罗克来到夏里亚宾的住处。他再次表示了自己的同情和惋惜，也再次建议取消演出。但夏里亚宾却说："请你晚些时候再来，到那时我可能会觉得好一点儿。"

晚上 8 点 30 分，夏里亚宾同意了演唱，但有一个条件，就是在演出之前要尤罗克先生宣布歌唱家患感冒、嗓子不好。尤罗克说一定照此去办，于是撒了这次谎，因为他知道这是促使夏里亚宾登台演出的最好办法。

委婉含蓄的话受青睐，主要是它能两全其美。当然，使用委婉话语，必须注意避免晦涩难懂的话。社交谈话的目的是要让人听懂，如一味追求奇巧，会使他人摸不着头脑，甚至造成误会，必然影响表达效果。要做到语言含蓄，须善于洞悉谈话的情景和宗旨，还要练就随机应变的本领。

职场语言，成功代言

不管情商是高还是低，老板总是老板，总希望什么事情都由自己决定。作为下属，向老板提要求的时候，就应该用商量的口气，而不是替他拿主意。

　　小徐年轻干练、活泼开朗，才进公司3年，职位"噌噌"地往上升，很快成为部门里的主力干将。几天前，新总监走马上任，下车伊始，就把小徐叫了过去："小徐，你经验丰富，能力又强，这里有个新项目，你就多费心盯一盯吧！"

　　受到新总监的重用，小徐欢欣鼓舞。恰好这天要去某周边城市谈判，小徐一合计，一行好几个人，坐火车不方便，人也受累，会影响谈判效果。打车吧，一辆坐不下，两辆费用又太高；还是包一辆车好，经济又实惠。

　　主意定了，小徐却没有直接去办理。几年的职场生涯让他懂得，遇事向总监汇报一声是绝对必要的。于是，他来到总监跟前，"总监，您看，我们今天要出去，"小徐把几种方案的利弊分析了一番，接着说："所以呢，我决定包一辆车去！"汇报完毕，小徐发现总监的脸不知道什么时候黑了下来。总监生硬地说："是吗？可是我认为这个方案不太好，你们还是买票坐长途车去吧！"小徐愣住了，他万万没想到，一个如此合情合理的建议竟然被打了"回票"。

　　"没道理呀！傻瓜都能看出来我的方案是最佳的。"小徐大惑不解。

　　有一位朋友是职场老手了，他告诉小徐，凡事多向领导汇报的意识是很可贵的，错就错在措辞不当。小徐说的是："我决定包一辆车！"在领导面前说"我决定如何如何"是最犯忌讳的。

　　如果小徐能这样说："总监，现在我们有3个选择，各有利弊。我个人认为包车比较可行，但我做不了主，您经验丰富，帮我作个决定行吗？"领导听到这样的话，绝对会做个顺水人情，答应这个要求的。

　　相比之下，下面的小侯用商量的口气向老板提出了自己的要求，虽然自身条件有些欠缺，但老板还是同意了他。

　　小侯是一家化工公司的财务人员，整天坐在办公室与数字打交道，这与他所学的专业不合。小侯觉得挺没意思的，也不是他的兴趣所在，就想换个环境，发挥自己的特长。于是在一个上午，他看到老板一人在办公室，就敲门走了进去。

　　老板见他进来，知道他肯定是有事情，示意他坐下后，问道："小侯，有什么事吗？"

　　"经理，我有个小小的要求，不知您能否答应？"他微笑着看着经理。

　　"什么要求？说说看！"

　　"我……我想换个环境，想到外面跑跑，可以吗？"

　　"可你对业务不熟啊？"经理面有难色。

人生关键点拨

当你迈进职场时，周围人都要从头开始了解你，语言是最佳的窗口。职场中良好的口才，适当的话语能力让你在事业的平台上更好地发展。

"业务不熟我可以慢慢熟悉。如果经理能给我这个机会的话，我会好好珍惜，一定不会让您失望的。"

听小侯这么一说，经理面色缓和了许多，问道："你具体想去哪个部门呢？"

"您认为我去公关部合不合适？"经理皱了一下眉，"你原来做财务工作，现在去跑公关……""经理，是这样的，我有些朋友在媒体工作，我通过他们的关系，可以为公司的宣传出一份力。"

经理想了想说："那你先试试吧，小侯，我可是要见你的成绩啊。"

"谢谢经理给我这次机会，我一定好好干！"

于是，小侯成功地调到了公关部，而且工作成绩相当不错。

当我们怀着某种目的与别人谈话时，总是希望能达到预期的目的。但正如俗话所说"好事多磨"，开始时我们往往会被人拒绝。

被拒绝了心里肯定不好受，那我们应该怎样回应呢？有的人气盛，一句话就给人家顶回去了，搞得双方不欢而散；有的人虽然心里不快，但能冷静下来，用平和的语气来晓之以理。显然后者是讨人喜欢的，能让对方认为你很有涵养并会冷静地思考问题。而转机说不定就会在此时发生。

在一次面试中，小齐凭借自己的实力通过了笔试和前几轮面试，在最后一轮面试过程中，考官突然说道："经过这轮面试，我们认为你不适合我们的单位，决定不录用你，你自己认为自己有哪些不足？"面对考官的问题，小齐虽然很失望，也比较气愤，但还是平静地回答道：

"我认为面试向来是一半靠实力，一半靠运气的。我们不能指望一次面试就能对一个人的才能、品格有充分地了解和认识。通过这次面试，我学到了很多东西，也发现了自己的不足——既有临场经验的不足，也有知识储备的不足，希望以后能有机会向各位考官讨教。我会好好地总结经验，加强学习，弥补不足，避免在今后工作中再出现类似的问题。另外，希望考官能全面、客观地评价一下我，指出我应该改进的地方，我一定会努力做到。"

其实，考官这是在考察小齐的应变能力，并非真的对他不满，如果他们认为小齐不合适的话，不可能再问他问题。小齐沉着应付，没有中圈套而暴露自己的弱点，回答时非常谦虚，把重点放在弥补弱点上，这可以看出他积极进取的品质；此外他还表示要诚恳地向考官讨教，无形中博取了他们的好感，当然也就赢得了这个职位。

摆脱"失语"的危机

"人有失足，马有乱蹄。"在日常生活中，即使辩才如苏秦、张仪，也难免会陷入词不达意的尴尬，更不用说偶尔头脑发昏，举止失当，做出莫名其妙的蠢事。虽然个中原因不同，但后果却相似：贻笑大方或引起纠纷，有时甚至一发不可收拾。这种时候，你就得让脑子转个弯儿，想法子化解纠纷。我们可以看看他人的一些例子，从中得到启发。

司马昭与阮籍有一次同上早朝，忽然有侍者前来报告："有人杀死了母亲！"阮籍素来放荡不羁，信口说道："杀父亲也就罢了，怎么能杀母亲呢？"此言一出，满朝文武大哗，认为他"抵悟孝道"。阮籍也意识到自己措辞不当，连连解释说："我的意思是说，禽兽知其母而不知其父。杀父就如同禽兽一般；杀母呢，就连禽兽也不如了。"一席话说得合情合理，众人无可辩驳，阮籍也消除了众怒，免去了灾祸。

这四两拨千斤的方法能够让你免去一场争吵。阮籍巧妙地引用了一个比喻，在众人面前不知不觉中更换了题旨，巧妙地平息了众怒。当你出言不慎引起众怒时，不妨试试此招。

美国前总统里根在向记者谈论健康的奥妙时，不自觉信口开河道："除了运动，我的另一个习惯是不吃盐。谁要想保持身体健康，最好不吃盐或少吃盐。"此言一出，立刻引起全国盐业业主的齐声抗议，引发了一场"食盐风波"。在众怒未平时，盐业研究所所长出面替总统作了解释："吃盐对人体是有好处的；而里根总统遵照医生吩咐不吃盐也是情非得已。每个人的情形不同，应根据自己的身体情况来决定食盐的多寡。"

所长既未否定总统的话，也未单纯肯定吃盐对人体有益，而是作一番颇为客观的解释，巧妙地平息了总统言语失误带来的风波。这就是圆话的补救术。将失误之言作指东道西的分析，巧妙挽救了言语失误。

传说，明朝文学家解缙，一次不小心碰碎了金銮殿上的一只玉桶。这两只玉桶象征着国家权力，现在解缙打碎了一只，这还得了？

有个大臣去禀报皇帝说："解缙想造反，把金銮殿上的玉桶打碎了一只。"皇帝勃然大怒，传解缙上殿，问他为什么打碎玉桶？

解缙应声回答："为了万岁的江山，我打碎了一只玉桶。"

几个想陷害解缙的大臣跪奏说："解缙打碎玉桶，明明要造反，请万岁治罪。"

解缙跪奏道："万岁，天无二日，民无二主，只有一统（桶）江山，哪有二统（桶）江山，如果有二统（桶）江山，国家怎得安宁？"

皇帝一听这话，连声说道："对呀，只有一统江山，哪有二统江山？这只玉桶打得好，碎得好！"

一个正当的借口免去了杀身之祸。

一半是真，一半是假。"借口"永远是有的，就看你如何去发现，怎样去利用。

失言是常有的事。此时，不要惊慌失措，将自己说过的"错话"添文减字，让意思改变，是巧妙改口的另一个招数。

隋唐时，秦琼贫病交加晕倒在单家庄。单雄信救起他，说起自己久仰秦琼的大名，但苦于不曾谋面。秦琼脱口而出："正是在下。"话一出口他便后悔了——怎么能在现在这种状态下暴露自己的身份。于是他又很快在后面添了四字，改成"正是在下同衙朋友"，巧妙地掩饰了自己的身份。

著名剧作家曹禺的名剧《雷雨》中有这样一个场景：鲁侍萍再次见到失散多年的儿子周萍时，心情激动，情不自禁地呼出声："萍……"但她立刻意识到母子两人身份悬殊，周朴园也不可能让她认这个儿子，于是强忍悲痛，改口道："萍——凭什么打我的儿子？"一场风波消失于无形。

这种在文字上增文减字的技巧，需要说者冷静、机智，随机应变。

相传，民国初年，东三省大权在握的大帅张作霖，曾留有一段巧解歧义的佳话。一次，他在宴会上为日本人题字，字题完后，落款本应写作"张作霖手墨"，但大帅一时疏忽大意，将"手墨"写成了"手黑"。秘书见状忙暗示大帅更改，他却哈哈大笑，对秘书喝道："我怎会不知道这'墨'字底下有个'土'？就是因为这个'土'是某些人梦寐以求的东西，所以绝不能给他们，这叫寸土不让！"

这几句话既巧妙掩饰了自己把字写错的尴尬，又出人意料地驳斥日本军国主义者的侵略企图，一时传为美谈。

补救言语失误或举止失当，应视场合而采取不同手段，灵活运用，方能百战百胜，如果拘泥形式，只会雪上加霜。

莫走进交谈的误区

有些人在交谈中常易犯一个毛病：一旦他们打开话匣子，就难以止住。其实，这种人得不偿失，因为他们自己话说得多了，既费精力，给他人传递的信息又太多，也还有可能伤害他人；另外，他们无法从他人身上吸取更多的东西，当然问题不在于别人太吝啬，而是他不给别人机会。

如果有几个朋友聚在一起谈话，当中只有一个人口若悬河，其他人只是呆呆听着，这就会成为一个人的演讲会，让在场的其他人感到无可奈何甚至愤怒。每一个人都有着自己的发表欲。小学生对老师提出的问题，争先恐后地举起手来，希望老师让自己回答，即使他对于这个问题还不是彻底地了解，只是一知半解地懂了一些皮毛，还是要举起手来，也不在乎回答错了要被同学们耻笑，这就说明人的表现欲是天生的，因为小学生远不如成年人那样有那么多顾虑。成人们在听人家讲述某一事件时，虽然他们并不像小学生那样争先恐后地举起手来，然而他们的喉头老是痒痒的，他们恨不得对方赶紧讲完了好让自己讲。

阻遏别人的发表欲，人家一定对你不高兴，你在此情况下很难得到别人的认同。为什么要做这样的傻事呢？你不但应该让别人有发表意见的机会，还得设法引起别人说话的欲望，使人家感觉到你是一位令人喜欢的朋友，这对一个人的好处是非常大的。

著名记者麦克逊说："不肯留神去听人家说话，是不受人欢迎的原因的一种。一般的人，他们只注重于自己应该怎样地说下去，绝不管人家要怎样地说。须知世界上多半的人都喜欢乐于倾听别人说话的人，很少欢迎只顾自己说话的人。"

有一年，美国最大的一家汽车工厂正在准备采购一年中所需要的坐垫布。3家有名的厂家已经做好样品，并接受了汽车公司高级职员的检验。然后，汽车公司给各厂发出通知，让各厂的代表作最后一次的竞争。

其中一个厂家的代表基尔先生来到了汽车公司，他正患着严重的咽喉炎。"当我参加高级职员会议时，"基尔先生在卡耐基训练班中叙述他的经历时说，"我嗓子哑得厉害，几乎不能发出声音。我被带进办公室，与纺织工程师、采购经理、推销主任及该公司的总经理面洽。我站起身来，想努力说话，但我只能发出尖锐的声音。大家都围桌而坐，所以我只好在本子上写了几个字：'诸位，很抱歉，我嗓子哑了，不能说话。'

"'我替你说吧。'汽车公司总经理说。后来他真替我说话了。他陈列出我带来的样品，并称赞它们的优点，于是引起了在座其他人活跃的讨论。那位经理在讨论中一直替我说话，我在会上只是微笑点头或做少数手势。

"令人惊喜的是，我得到了那笔合同，订了50万码的坐垫布，价值160万美元——这是我第一次得到这么大的订单。

"我知道，要不是我实在无法说话，我很可能会失去那笔合同，因为我对于整个过程的考虑也是错误的。通过这次经历，我真的发现，让他人说话有时是多么有价值。"

一个商店的售货员，如果拼命地称赞他的东西怎样好，不给顾客说一句话的机会，就很可能会失去这位顾客的生意。因为顾客不过把你天花乱坠的说话当作是一种生意经，绝不会轻易相信而购买的。反过来，你如果给顾客说话的余地，使他对商品有评价的机会，你的生意便有可能做成功。因为顾客总有选择和求疵的心理，如果只是一味地夸耀，或是对顾客的批评加以争辩，这无异于说顾客不识货，这不是对顾客极大的侮辱吗？他受了极大的侮辱，还会来买你的货物吗？

讲话者最讨厌的就是别人打断他的讲话。因为这样不仅使他的思路被打断，又让他感到你不尊重他。事实上，我们常常听到讲话者这样的不平："你让我把话说完，好不好？"

善于听别人说话的人不会因为自己想强调一些细枝末节、想修正对方说的话中一些无关紧要的部分、想突然转变话题，或者想说完一句刚刚没说完的话，就随便打断对方的话。经常打断别人说话就表示我们不善于听人说话，个性偏激，礼貌不周，很难和人沟通。

有一个客户经理正与客户谈一个项目，正在争论最激烈的时候，他手下的一个员工闯了进来，插嘴道："经理，我刚才和哈尔滨的客户联系了一下。他们说……"接着就说开了。经理示意他不要说了，而他却越说越起劲。客户本来就心情不大愉快，见到这样的情景更是气坏了，就对客户经理说："你先跟你的同事谈，我们改天再来吧。"说完就走了。这位下属乱插话，搅了一笔大生意，让经理很是恼火。

随便打断别人说话或中途插话，是失礼行为，但许多人却存在着这样的陋习，结果往往在不经意之间就破坏了自己的人际关系。

比如，上司给安排工作的时候，他会做出各项说明，通常他们的话只是说明经过，或许结论并不是我们想的那样。中途插嘴表达意见，除了让人家认为你很轻率之外，也表示你蔑视上司。如果碰到性格暴躁的上司，恐怕就会大声地怒喝："你闭嘴！听我把话说完！"

那些不懂礼貌的人总是在别人津津有味地谈着某件事情的时候，冷不防地半路杀进来，让别人猝不及防，不得不停下来。这种人不会预先告诉你，说他要插话了。他插话时有时会不管你说的是什么，而将话题转移到自己感兴趣的方面去；有时是把你的结论代为说出，以此得意扬扬地炫耀自己。无论是哪种情况，都会让说话的人顿生厌恶之感，因为随便打断别人说话的人根本就不知道体谅别人。

人生关键点拨

要在与人交际时获得好人缘，要想让别人喜欢你、接纳你，就必须要克服随便打断别人说话的陋习，在别人说话时千万不要插嘴，并做到：不要用不相关的话题打断别人说话；不要用无意义的评论打断别人说话；不要抢着替别人说话；不要急于帮助别人讲完事情；不要为争论鸡毛蒜皮的事情而打断别人。

掌握必不可少的口才技巧

说话是一门艺术，口才有许多技巧，著名散文家朱自清说过："人生不外言动，除了动就只有言，所谓人情世故，一半在说话里。"说话看似简单，但要做到口吐莲花、能言善辩、巧舌如簧、打动人心着实需要几分功底。

某电气公司的约瑟夫·韦伯在宾夕法尼亚州一个富饶的荷兰移民地区视察。

"为什么这家人不使用电器呢？"经过一家管理良好的农庄时，他问该区的代表。

"他们一毛不拔，你无法卖给他们任何东西，"那位代表回答，"此外，他们对公司火气很大。我试过了，一点希望也没有。"

也许真是一点希望也没有，但韦伯决定无论如何也要尝试一下，因此他敲敲这家农舍的门。门打开了一条小缝，屈根堡太太探出头来。

一看到那位公司的代表，她立即当着韦伯先生的面把门"砰"的一声关起来。韦伯又敲门，她又打开了，而这次，她把反对公司的原因一股脑儿地说出来了。

"屈根堡太太，"韦伯说，"很抱歉打扰了您，但我来不是向您推销电器的，我只是要买一些鸡蛋。"

她把门又开大一点，瞧着韦伯一行。

"我注意到您那些可爱的多明尼克鸡，我想买一打鲜蛋。"

门又开大了一点。"你怎么知道我的鸡是多明尼克品种？"她好奇地问。

"我自己也养鸡，而我必须承认，我从没见过这么棒的多明尼克鸡。"

"那你为什么不吃自己家的鸡蛋呢？"她仍然有点怀疑。

"因为我的来亨鸡下的是白壳蛋。当然，您知道，做蛋糕的时候，白壳蛋是比不上红壳蛋的，而我妻子常因她做的蛋糕而自豪。"

到这时候，屈根堡太太放心地走出来，温和了许多。同时，韦伯四处打量，发现这家农舍有一间修得很好看的奶牛棚。

"事实上，屈根堡太太，我敢打赌，您养鸡所赚的钱，比您丈夫养奶牛

人生关键点拨

口才技巧，需要在与人交往的过程中练习实践，美国著名演说家戴普曾经说过："世界上再没有什么比令人心悦诚服的交谈能力更能迅速获得成功与别人的钦佩了，这种能力，任何人都可以培养出来。"

所赚的钱要多。"

这下，她可高兴了！她兴奋地告诉韦伯，她真的是比她的丈夫赚钱多。但她无法使她顽固的丈夫承认这一点。

她邀请韦伯一行参观她的鸡棚。参观时，韦伯注意到她装了一些各式各样的小机械，于是韦伯介绍了一些饲料和掌握某种温度的方法，并向她请教了几件事。片刻间，他们就高兴地在一起交流经验了。

不一会儿，她告诉韦伯，附近一些邻居在鸡棚里装设了电器，据说效果极好。她征求韦伯的意见，想知道是否真的值得那么干……

两个星期之后，屈根堡太太的那些多明尼克鸡就在电灯的照耀下了。韦伯推销了电气设备，屈根堡太太得到了更多的鸡蛋，皆大欢喜。

林肯曾说过："当一个人心中充满怨恨时，你不可能说服他依照你的想法行事。那些喜欢骂人的父母、爱挑剔的老板、喋喋不休的妻子……都该了解这个道理。你不能强迫别人同意你的意见，但可以用温和而友善的方式使他屈服。"

掌握必不可少的口才技巧，最重要的一点是推己及人，通晓人情。说理切、举事赅、择辞精，轻重有度，褒贬有节，进退有余地，游刃有空间，方能用语言打开一片广阔天地。

有口才，更要有口德

常言道："病从口入，祸从口出。"在大千世界中，能言善语者，口吐莲花，妙语连珠，办事如意，水到渠成；反之，或胡言乱语，或出言不善，便会惹是生非，甚至引起祸端。如何不叫祸患从口而出呢？

对长辈莫恶言恶语。尊老敬老是中华民族的传统美德。晚辈人除了在生活上照顾好老人以外，还应懂得点老人心理学，多给老人说开心的话，切不要说什么"老不死的"、"活得不耐烦了"等。有个青年因有情绪，对其母说了几句难听的话，其母上吊自缢了。儿子后悔莫及，还背了个不孝的名声。

对孩子莫粗言俗语。孩子们的思想单纯，但意志比较薄弱，容易受挫伤。因此，对孩子莫要呵斥、挖苦或谩骂。有个读小学五年级的农村男孩子，成绩不好，屡次考不及格。其父怒不择言骂道："老子喂头猪，一年还可以卖几百元，养你有什么用！再考不好，给老子滚！"小孩自知成绩是一下赶不上来的，便写了个留言出走了。害得该家长登广告，四处央人寻找，结果用去 6000 多元，花了 4 个多月才找到，孩子的妈妈也急成了精神病。

对配偶莫冷言冷语。夫妻之间应恩恩爱爱，相互尊重，尽量避免因鸡毛蒜皮的小事而引起纠葛，更不能冷言冷语，乱说男女最忌讳的话语。女人最听不得丈夫说"给我滚出去"；男人最反感妻子说他是个"窝囊废"。否则，就会闹得剑拔弩张，甚至闹得不欢而散或闹出人命来。

对"秘闻"莫传言传语。有的人对小道消息，对男女的桃色新闻特别感兴趣。这种"秘闻"有的虽真有此事，但像滚雪球似的添油加醋，完全变了味；有的是凭空编造，无中生有。某人对乡党委书记有意见，杜撰一个"某某碰壁记"。说乡党委书记在公共汽车上有不轨行为，群众敢怒不敢言，而正巧车上有穿便衣的师长带了两个便衣警卫，当众惩罚了乡党委书记。他把这"秘闻"告之密友，又一传十，十传百，弄得"满城风雨"。党委书记知道后，要他交证人，他一下子傻眼了。

语言这东西，能救人，亦能害人。但愿它为你添福添寿，莫惹是生非，招来横祸。

第八章

爱情——
爱也是一种重要的能力

　　爱情是古不变的人生主题，爱情是生命的源泉，失去感情的滋润，生命将失去光泽，淡无色。感情的波折影响着事业的成功和生活的幸福，人生因情感而丰富多彩。在人生漫长的旅途中，孤独的旅人通常无法体味途中人的美景。掌控感情，成就一生。

爱情是生命的阳光

　　世界上有一种崇高的感情，能让死神也望而却步，这种感情就是爱。

　　1997年末，一支欧洲探险队，在非洲撒哈拉大沙漠的纵深腹地，遭遇一场特大风暴。风沙完全毁坏了所有的通信器材和水箱，使这支队伍陷入绝境。后来搜寻人员几经周折才找到他们，发现除了一对相互嘴贴嘴紧紧拥抱的情人外，其余的人都渴死了。

　　这对情侣为什么能从绝境中生还，科学家们没有做出更多的说明，但好长时间我们都无法不去回想那对情侣的遭遇，回味那爱透一生的永恒主题。

在那生离死别之际，这对情侣没有懊悔与怨恨，他们相拥在一起。这是爱情的最后一次宣誓，也是向人世慷慨的诀别。他们在恐怖的荒漠中，以情爱之躯构筑了一座挚爱的丰碑。

在那生离死别之际，这对情侣并不恐惧惊慌，他俩的心灵交流着活下去的信念，以爱来抗争，以爱来自救，使生命超越苦难与死亡的羁绊，让生命的琴弦发出最强的旋律。

他俩是不幸的，这不幸太突兀太残酷；他俩又是幸福的，因为能与深爱的人生死相依。

爱是人类心灵中最恒久的一种激情，这种激情从古至今一直是文学创作的动力和催化剂。从古至今，人类不知产生过多少歌颂伟大的爱的诗篇呢？数也数不清；从古至今，人类产生过多少伟大的爱情呢？无法统计。我们能得到的唯一答案就是：爱是不朽的。

1911 年春天，一个阴郁的黄昏，在智利中部的小城斯冷纳街头，突然响起了一声枪声。枪声中，倒下了一个年轻的小伙子。他手中握着一支手枪，发热的枪管还在冒烟。年轻人失神的眼睛怅望着天空，脸上笼罩着悲伤和绝望。

人们在他的衣袋里发现了一张明信片，明信片上有他的名字：罗米里奥·尤瑞塔。写这张明信片的是一位姑娘，名字是加勃里埃拉·米斯特拉尔。明信片的内容很简单，文字也极冷静，是一封拒绝爱情的信。谁也不会想到，这一出爱情的悲剧，会成为一个伟大诗人走向文学的起因和开端。这位写明信片的姑娘，30 多年后登上诺贝尔文学奖的领奖台，成为"拉丁美洲的精神皇后"，成为闻名世界的诗人。

米斯特拉尔并不是不爱尤瑞塔，只是他们两人志趣不相投，而尤瑞塔的死，在米斯特拉尔的心里也留下了难以愈合的创伤。在哀伤和痛苦中，米斯特拉尔找到了倾吐感情、诠释灵魂创痛的渠道：写诗。她创作了怀念尤瑞塔的《死亡的十四行诗》，诗中那种刻骨铭心的爱，那种发自灵魂深处的真情，使所有读到它们的人都为之心颤。她在诗中写道："我要撒下泥土和玫瑰花瓣，我们将在地下同枕共眠"，"没有哪个女人能插手这隐秘的角落，和我争夺你的骸骨！"她以这组诗参加圣地亚哥的花节诗赛，荣获第一名。人们由此记

人生关键点拨

爱着，就有激情，就有生命的力量。一个人的生命之火，不管曾如何能熊熊燃烧，最终都将熄灭。但生命中的爱与激情，却因为光芒闪烁惠及他人而得以延续和光大。爱是阳光，温暖着每一个人的心灵。

住了她的诗，记住了她的名字。

作为一个杰出的诗人，米斯特拉尔并没有无止境地沉浸在个人的哀痛中，由痛苦而产生的爱，如同在风雨中萌芽的种子，在她的心中长成了一棵枝叶茂盛的大树。这棵大树，向世人散发出智慧的馨香和博爱的光芒。米斯特拉尔在她的诗歌中讴歌男女间的爱情，也歌颂母亲和母爱，歌颂孩子和童心，歌颂气象万千的大自然，她把爱的光芒辐射到辽阔的地域。她的诗歌，流露出女性的温柔和细腻，表现出悲天悯人的博大情怀。爱人，爱生活，爱自然，这些就是她的诗歌的永恒主题。在她的散文诗《母亲之歌》中，她把一个女人从十月怀胎到生下孩子的过程和柔情描写得婉转曲折，动人心魄。读这样的文字，能使人感受到一颗善良的母亲之心是多么美丽动人。在她之前，大概还没有一个作家把女人的这种体验表现得如此深刻，如此淋漓尽致。发人深思的是，写出这作品的诗人，自己并没有生过孩子，没有当过母亲。其实，其中没有什么秘密，因为米斯特拉尔胸中拥有作为一个女性的所有爱心。

1945 年，米斯特拉尔获得了诺贝尔文学奖，奖状上以这样的话评价她："她那由强烈感情孕育而成的抒情诗，已经使得她的名字成为整个拉丁美洲世界渴求理想的象征。"对于这样的评价，她当之无愧。

与米斯特拉尔交相辉映的是中国的一位了不起的女作家——冰心。从 1919 年在《晨报》上发表第一篇文章开始，冰心就始终以博大而细腻的爱心面对世界，面对读者，使无数人沉浸在她用纯真高尚的爱构筑的艺术天地中。虽然她本人已经离我们远去了，但是她的那些灵魂的结晶——诗歌散文，将永远照耀着我们，永远温暖着每一个渴望爱的心灵。

莫让爱情悄悄溜走

当那个人喜欢你的时候，你不觉得自己喜欢他。当他放弃的时候，你却发现自己已经喜欢他了。这种遗憾也不算不大吧？人便是这样，被人喜欢的时候，我们是多么的自恃？当他大献殷勤的时候，我们无动于衷，也许还骄傲地觉得对方不是太配得起自己。 他尽管喜欢我吧！我可不是那么容易追求的。 当对方暗示和探听的时候，我们也假装不在乎，我可是有很多人喜欢的……爱上我的话，你也许要受折磨 。当对方对我们忠心耿耿的时候，我们认为那是理所当然的。我的条件这么好，他还能爱上别人吗？当他积极的时候，我们往往不置可否，我真的喜欢他吗？也许我可以遇到更好的，他有很多缺点 ……然而，当他变得消极，当他好像不再喜欢我了……我们却又着急了。他是不是以为我不会喜欢他呢？我完全没有这个意思，我只是不想一切来得太快。这时我们唯有放下一点面子，向他暗示，我其实也是喜欢你的，而……他却忽然变得冷淡了。

有些话是收不回的。这个时候有什么办法挽救？对不起，已经没有办法了。不要可惜，既然大家不能同步，失去了也不是种损失。况且，你也许不是爱上了他，你只是不甘损失罢了！如果你不是真的想离开一个人，那你最好不要随便跟它说分手。当你后悔分手，想去挽回的时候，他也许不会再让你回去。我们说分手，有时是因为一时意气。自己根本不想分手，但对方听你说了这么多次，这一次，也许终于受够了。常常说分手，是会破坏感情的，只是你从来不在意。你以为只有你会说分手吗？永远不要用分手来威胁他人……有时候我们是真的不想继续下去。不是不爱他，而是前路太过艰难，不知道怎么走下去。不如，我们分手吧！在感情最好的时候分手，我会永远怀念你。或许，我们还能够做朋友。说分手的是我，然而，后来哭得最厉害的也是我……

吴迪是一位长得美丽，且又通情达理的姑娘，令公司上上下下的人都喜欢她,特别是那几个还未找女朋友的小伙子,更是有事无事地围着她转。不过,

人生关键点拨

当爱情经过的时候，许多人都不太放在心上；当爱情溜走的时候，想追却已无法挽回。

精明能干、风流倜傥的王鹏却总是一副不屑一顾的神情。

过了一段日子，传出消息说吴迪"名花有主"了，男朋友竟是公司里最不起眼的张弛。看着他俩进一双出一对的甜蜜样子，有人不禁叹息说："唉，一朵鲜花插在牛粪上。"帅哥王鹏最为沮丧。

原来，吴迪一到公司上班时王鹏就喜欢上了她，他也看出，当自己的眼睛与吴迪相视时，她的目光亦是亮亮的，柔柔的，闪动着一种妙不可言的东西。然而，当那几个长相一般的小伙子围着吴迪转的时候，王鹏的自尊心却在作怪。因为自己长得帅，身边有不少女孩子"陪"着，就不愿屈尊去"陪"吴迪，但在心里却巴不得吴迪来"陪"自己，他一直固执地认为：这么漂亮的女孩只有我王鹏配得上。直到发现张弛锁定了吴迪的爱情后，才知道自己输得很惨。

确实，在现实生活里，不少人看见漂亮女孩找了个相貌平平的男朋友就会感到惋惜，认为不般配。然而，为什么这个平常的男士能赢得如此美丽女孩的芳心呢？你别看女孩子含羞带笑，温柔文静，对谁都是娇娇嗲嗲的。其实在她的心里，早就将身边的男孩一个个地排起了队。一般来说，仪表当然是首选的，但女孩子在青春期尤其架子大，爱摆谱，当然，这也是男孩的恭维给宠坏的。如此一来，那些肯低头，愿捧女孩的小伙子在她心目中的印象分就自然提高了。特别是漂亮的女孩，假如男孩能够以发自内心的关爱对其躬亲侍奉，即使男孩子相貌差些，说不定也能锁住她的芳心。

但是在通常情况下，仪表堂堂的小伙子就做不到这一点。由于自身条件好又自视身价不低，怎么可以屈尊？因此，即使漂亮的女孩最初也曾被其外表所心动，但从长远考虑，假如以后一辈子受这样的"美男人"的牵制，倒不如找一个能够呵护自己的男士过日子。只要自己感觉幸福，别人爱怎么说就怎么说好啦。

因此，所有想找漂亮女孩做朋友的小伙子，当你爱上她时，千万别学这位帅哥王鹏，一定要"爱她在心就开言"，不然的话，吃亏的可就是你自己了。

不要等到爱情已经悄悄溜走才感到后悔，想到珍惜。

保持爱情的浓度

杯子：我寂寞，我需要水，给我点水吧。

主人：好吧，拥有了你想要的水，你就不寂寞了吗？

杯子：应该是吧。

主人把开水倒进了杯子里。水很热。杯子感到自己快被融化了，杯子想，这就是爱情的力量吧。

水变温了，杯子感觉很舒服，杯子想，这就是生活的感觉吧。

水变凉了，杯子害怕了，怕什么他也不知道，杯子想，这就是失去的滋味吧。

水凉透了，杯子绝望了，也许这就是缘分的杰作吧。

杯子：主人，快把水倒出去，我不需要了。

主人不在。杯子感觉自己压抑死了，可恶的水，冰凉的，放在心里，感觉好难受。

杯子奋力一晃，水终于走出了杯子的心里，杯子好开心，突然，杯子掉在了地上。

杯子碎了。临死前，他看见了。他心里的每一个地方都有水的痕迹，他才知道，他爱水，可是，他再也无法完整地把水放在心里了。

杯子哭了。他的眼泪和水融在了一起,奢望着能用最后的力量再去爱水一次。

主人捡着杯子的碎片，一片割破了他的手指，指尖有血。

爱情啊，到底是什么？难道只有经历了痛苦才知道珍惜吗？难道要到一切都无法挽回才说放弃吗？

他爱上她的时候，她才19岁，正在远离现实世界的象牙塔里做着纯真的梦。

而他已经工作了好几年，差不多忘记了怎样浪漫，因此，他尽可能小心地呵护着她和她的精神世界。

有一天，他借来梅丽尔斯特里普演的《索菲的选择》和她一起看。

片子看完了，她并没有真正明白片子最深刻的意义，可是有一个镜头从此嵌入了她的脑海,令她永生难忘:当人们弄开房门,冲进屋子时,发现那两个相爱的人已相拥着告别了这个世界。她流泪了,她问他这是不是爱的最高境界。他笑了笑,没有回答。让她觉得,他一定知道还有一种更高的境界。

她觉得很幸福。再后来,他们之间发生了一些事,开始互相怀疑他们之间的感情。他不再对她说"我爱你",当然她也不再对他说"我也是"。

一天晚上,他们谈到了分手的事。半夜,天上打雷了。第一声雷响时,他惊醒了,下意识地猛地用双手去捂她的耳朵。

第二声雷紧接着炸开了,她或许是被雷声或许是被他的手弄醒了,睁开眼,耳里还有闷闷的雷声,他的手正从她耳朵上拿开。她的眼顿时湿润了。他们重新闭上眼,假装什么也没发生,可谁都没有睡着。

> ## 人生关键点拨
>
> 当爱情变为亲情,当两人已熟悉到无法再熟悉,你就会懂得什么叫"情到浓时情转薄"、平平淡淡才是真。爱情一开始总是轰轰烈烈的,但时光的雕琢总会磨去爱情的棱角,像清澈溪水中的鹅卵石,圆滑柔美,少了几分凌厉,多了几分圆通。爱说到底便是历经了岁月冲刷的平淡幸福。

她想,也许他还爱我,生怕我受一点点惊吓。他想,也许她还爱我,不然她不会流泪的。

爱的最高境界是经得起平淡的流年,在时光的流逝中也能够保持着爱情的浓度。

失恋是美丽的遗憾

一家新开业的礼品店热闹了一阵后,慢慢静了下来。年轻的女老板黛丝刚把凌乱的柜台整理好,一位20多岁的男青年进了店。他瘦瘦的脸颊,戴副近视镜。他冷冰冰的目光在店中游弋、搜索,最后落在窗边那只柜台里。

黛丝顺着男青年的目光看去，见他正盯着一只绿色玻璃龟出神。她走过去轻声问道："先生，你喜欢这只龟吗？我拿出来给你看。"男青年似乎对看与不看并不在意，伸手把钱包掏出来，问道："多少钱1只？"

"20元。"

青年连价都没还，"啪"地把钞票拍在柜台上。

面对黛丝递过来的乌龟，青年人眯起眼睛慢慢欣赏着，脸上的肌肉时不时地抽动一下，继而一丝笑容勉强地跳了出来。他自言自语道："好，把它作为结婚礼物是再好不过了。"青年人的脸兴奋得有点扭曲，两眼灼灼闪着光。

黛丝在一旁细心观察着青年人，她对青年人自言自语道出的那句话感到极大的震惊。虽然她刚刚离开校门不久，但她知道那种东西若出现在婚礼上，将无疑是投下一颗重磅炸弹。女孩表情平静地问道："先生，结婚的礼物应当好好包装一下的。"说完弯腰到柜台下找着什么。"真不巧，包装盒用完了。"女孩说道。

"那怎么行，明天一早我就要急用的。"

女孩忙说："不要紧，您先到别处转一下，20分钟以后再来，让人送来包装盒，包装好等你，保证让你满意。"

20分钟以后，青年人如约取走了那盒包装得极精美的礼物，像战士奔赴战场一样，去参加他以前曾经深深爱过的一位姑娘的婚礼。

婚礼的第二天晚上，青年人终于等到姑娘打来的电话，当他听到那久违而又熟悉的声音时，双腿一软竟坐在了地板上。

这一天他度日如年，是在悔恨和自责的心态中熬过的。他像一个等待法官宣判的罪人一样，等待着姑娘对他的怒斥。可他万万没想到，电话中传来的却是姑娘甜甜的道谢声："我代表我的先生，感谢你参加我们的婚礼，尤其你送来的那件礼物，更让我们爱不释手……"爱不释手？他简直不相信自己的耳朵。他不知通话是怎么结束的……

青年人度过了一个不眠之夜。清早，他来到礼品店，进门一眼就看见那只乌龟还安详地躺在柜台里，此时他似乎一切都明白了。

对青年人的突然出现，黛丝的确有些感到意外。望着他那红肿的眼睛，发现里面已不再是那绝望的冷酷。青年人嘴唇哆嗦了一下，似乎要说些什么。突然他走到黛丝面前深深地鞠了一躬，等他再抬头时，已是泪流满面。他哽咽地说道："谢谢你，谢谢你阻止我滑向那可怕的深渊。"

黛丝见青年人已经明白了一切，从柜台里取出一个盒子，打开后交给了他，轻声说道："这才是你送去的真正礼物。"原来那是一尊水晶玻璃心，两颗相交在一起的，什么力量也无法把他们分开的水晶玻璃心。此时，一缕晨光透过窗子照在水晶心上，折射出一串绚丽的七彩光来。

人生关键点拨

新的爱情或许更加甜美，逝去的恋情将成为心底永存的回忆，毕竟还要过快乐的日子。

青年人惊叹道："太美了，实在太美了。这么贵重的礼物，我付的钱一定不够的。"

黛丝忙打断他说道："论价值它们是有差别的，但它如果能了却你们以前的恩恩怨怨，化干戈为玉帛，那它也就物有所值了。至于两件礼物之间所差的那点钱，也不必想它，将来你还会遇到更好的姑娘，那时候你再到我的店里多买些礼物送给她，就算感谢我了。"

爱即宽容，爱即大度，爱即仁慈，爱即真诚，即使你是处于失恋中，心中也要保留一点爱，失恋而不能失态。

卢梭在《忏悔录》里写的一个情节。卢梭 11 岁时，在舅父家遇到了刚好大他 11 岁的德·菲尔松小姐，她虽然不很漂亮，但她身上特有的那种成熟女孩的清纯和靓丽还是将卢梭深深地吸引住了。

她似乎对卢梭也很有"好感"。很快，两人便轰轰烈烈地像大人般地恋爱起来。但不久卢梭就发现，她对他的好只不过是为了激起另一个她偷偷爱着的男友的醋意。用卢梭的话说"只不过是为了掩遮一些其他的勾当"。当时，卢梭年少而又过早成熟的心便充满了一种无法比拟的气愤与怨恨。

他发誓永不再见到这个负心的女子。可是，20 年后，已享有极高声誉的卢梭回故里看望父亲，在波光潋滟的湖面上，他竟不期然地看到了离他们不远的一条船上的菲尔松小姐，她衣着简朴，面容憔悴而黯淡。卢梭想了想，还是叫人悄悄地把船划开了。他写道："虽然这是个相当好的复仇机会，但我还是觉得不该和一个 40 多岁的女人算 20 年前的旧账。"

对于卢梭来说，他在遭到自己最爱的人无情离弃和愚弄后的悲愤与怨恨，我们是不难想象的。可是为什么重逢之际，当初那种火山般喷涌的怨怒和报复欲未曾复燃，相反，却选择悄悄走开，说穿了，还是爱。因为，他曾经真正地爱过、痛过，那份爱，曾经深入骨髓，温暖过他的生命旅程。时间的流水可以带走很多东西，诸如忧伤、仇恨，但永远抹不去最初的那份爱恋在心灵上留下的温馨、美好和感动。

实际上，一个人只有通过一次真正的失恋痛苦和折磨，才会开始成熟起来。爱情毕竟不是生活的全部，人生更重要的是对理想、事业的追求。失恋也并非完全是坏事，可以促进心理的发展和成熟。"天涯何处无芳草"，大可不必自我折磨。

失恋是一种美丽的遗憾，德国著名诗人歌德失恋之后，发奋写下了名著《少年维特之烦恼》，法国著名作家罗曼·罗兰失恋后，在激情的驱使下，昼夜写作，创做出世界名著《约翰·克利斯朵夫》。

走出爱情"百慕大"

爱情是一种很玄的东西，如影随形，但许多人却看不懂它的真谛，总在爱情的"百慕大"中徘徊深陷，走不出去。

许多人总会在"爱我的人"和"我爱的人"之间徘徊，找不到爱情的答案，其实爱情不是一道选择题，答案也远没有那么简单。读读下面这则故事，或许你会有所感悟，但要记住，这也仅仅是一种答案。

从前，有一座圆音寺，每天都有许多人上香拜佛，香火很旺。在圆音寺庙前的横梁上有个蜘蛛结了张网，由于每天都受到香火和虔诚的祭拜的熏染，蜘蛛便有了佛性。经过了1000多年的修炼，蜘蛛佛性增加了不少。

忽然有一天，佛祖光临了圆音寺，看见这里香火甚旺，十分高兴。离开寺庙的时候，不经意抬头，看见了横梁上的蜘蛛。佛祖停下来，问这只蜘蛛："你我相见总算是有缘，我来问你个问题，看你修炼了这1000多年来，有什么真知灼见。怎么样？"蜘蛛遇见佛祖很是高兴，连忙答应了。佛祖问道："世间什么才是最珍贵的？"蜘蛛想了想，回答道："世间最珍贵的是'得不到'

和'已失去'。"佛祖点了点头，离开了。

就这样又过了1000年的光景，蜘蛛依旧在圆音寺的横梁上修炼，它的佛性大增。一日，佛祖又来到寺前，对蜘蛛说道："你可还好，1000年前的那个问题，你可有什么更深的认识吗？"蜘蛛说："我觉得世间最珍贵的是'得不到'和'已失去'。"佛祖说："你再好好想想，我会再来找你的。"

又过了1000年，有一天，刮起了大风，风将一滴甘露吹到了蜘蛛网上。蜘蛛望着甘露，见它晶莹透亮，很漂亮，顿生喜爱之意。蜘蛛每天看着甘露很开心，它觉得这是3000年来最开心的几天。突然，又刮起了一阵大风，将甘露吹走了。蜘蛛一下子觉得失去了什么，感到很寂寞和难过。这时佛祖又来了，问蜘蛛："蜘蛛，这1000年，你可好好想过这个问题：世间什么才是最珍贵的？"蜘蛛想到了甘露，对佛祖说："世间最珍贵的是'得不到'和'已失去'。"佛祖说："好，既然你有这样的认识，我让你到人间走一遭吧。"

就这样，蜘蛛投胎到了一个官宦家庭，成了一个富家小姐，父母为她取了个名字叫蛛儿。一晃，蛛儿到了16岁了，已经成了个婀娜多姿的少女，长得十分漂亮，楚楚动人。

这一日，一个叫甘鹿的书生中了状元，皇帝决定在后花园为他举行庆功宴席。来了许多妙龄少女，包括蛛儿，还有皇帝的小公主长风公主。状元郎在席间表演诗词歌赋，大献才艺，在场的少女无一不被他折倒。但蛛儿一点也不紧张和吃醋，因为她知道，这是佛祖赐予她的姻缘。

过了些日子，说来很巧，蛛儿陪同母亲上香拜佛的时候，正好甘鹿也陪同母亲而来。上完香拜过佛，二位长者在一边说上了话。蛛儿和甘鹿便来到走廊上聊天，蛛儿很开心，终于可以和喜欢的人在一起了，但是甘鹿并没有表现出对她的喜爱。蛛儿对甘鹿说："你难道不曾记得16年前，圆音寺的蜘蛛网上的事情了吗？"甘鹿很诧异，说："蛛儿姑娘，你漂亮，也很讨人喜欢，但你想象力未免丰富了一点吧。"说罢，和母亲离开了。

人生关键点拨

有一首歌名叫《爱我的人和我爱的人》，当你在爱情中深陷，走不出去的时候，无外乎两个难题：爱我的人我不爱，我爱的人不爱我。每个人有不同的解决方法，答案不是唯一的，但你应该听听自己内心的声音。

　　蛛儿回到家，心想，佛祖既然安排了这场姻缘，为何不让他记得那件事，甘鹿为何对我没有一点的感觉？

　　几天后，皇帝下诏，命新科状元甘鹿和长风公主完婚；蛛儿和太子芝草完婚。这一消息对蛛儿如同晴空霹雳，她怎么也想不通，佛祖竟然这样对她。几日来，她不吃不喝，穷究急思，灵魂就将出壳，生命危在旦夕。太子芝草知道了，急忙赶来，扑倒在床边，对奄奄一息的蛛儿说道："那日，在后花园众姑娘中，我对你一见钟情，我苦求父皇，他才答应。如果你死了，那么我也就不活了。"说着就拿起了宝剑准备自刎。

　　就在这时，佛祖来了，他对快要出壳的蛛儿灵魂说："蜘蛛，你可曾想过，甘露（甘鹿）是由谁带到你这里来的呢？是风（长风公主）带来的，最后也是风将它带走的。甘鹿是属于长风公主的，他对你不过是生命中的一段插曲。而太子芝草是当年圆音寺门前的一棵小草，他看了你 3000 年，爱慕了你 3000 年，但你却从没有低下头看过它。蜘蛛，我再来问你，世间什么才是最珍贵的？"蜘蛛听了这些真相之后，好像一下子大彻大悟了，她对佛祖祖说："世间最珍贵的不是'得不到'和'已失去'，而是现在能把握的幸福。"刚说完，佛祖就离开了，蛛儿的灵魂也回位了，睁开眼睛，看到正要自刎的太子芝草，她马上打落宝剑，和太子深深地抱着……

　　爱我的人和我爱的人，感情的事情无法一语道破，走出爱情的误区，只能靠自己的心去抉择。

爱，不可以失去自我

　　他说他喜欢长发的女孩，

　　我便不再剪断那一头青丝；

　　他说他喜欢穿裙的女孩，

　　我的衣柜里便不再出现我喜爱的牛仔裤；

　　他说他喜欢吃辣，

　　我便忍着眼泪强迫自己适应辛辣的滋味。

当我爱得完全失去自我，

他说他爱上了别的女孩，

因为那个她和我完全不一样。

我只能放开抓住他的手，

任他像风一样离开，

然后告诉自己，

重新做回自己。

楚佳是个普通得不能再普通的姑娘，高中毕业，在一家小公司当秘书，领份勉强糊口的薪水，日子过得轻松自在。不过这种平淡的生活在认识了男友林之后，彻底改变了。

林不仅长得一表人才，而且是硕士学历，工作又好。与林的交往让楚佳受宠若惊，感觉自己简直就是在高攀。于是，楚佳全身心地投入爱情之中，处处以男友的利益为先，生怕对方对自己有一丝的不满。明明最爱听流行歌曲，但得知男友喜欢古典音乐后，楚佳把家里的流行 CD 一股脑锁进柜子里，开始恶补古典音乐知识。知道男友喜欢吃辣的，每次在外边吃饭，楚佳都点辣菜，而从来不能吃辣的自己常被辣得直流眼泪。一次，男友偶尔说起她的身材有点偏胖，楚佳第二天就去报了健身班，风雨无阻地锻炼了半年，成功减掉了10斤，成就了玲珑曼妙的身材。看到男友身边的朋友个个都有高学历，明知不是学习的料，楚佳也开始拼命读书，终于以刚刚过线的成绩通过了成人高考。

正当楚佳兴奋地致电男友，打算告诉他自己就快成为大学生的时候，男友却提出了分手的要求。男友告诉楚佳，自己爱的是过去那个天真烂漫的姑娘。可如今跟她在一起，总感觉自己在唱独角戏，一切都是自己说了算，有她跟没她没有区别，所以干脆没有她算了。

最担心的事情终于发生了，可是并没有像自己以为的那样－感觉天塌下来了，相反，楚佳竟然感到一阵轻松。不用再强迫自己吃辣，不用勉强自己欣赏不懂的音乐，不用硬着头皮去读书，终于可以做回真正的自己了，其实这样也不坏。不久，楚佳交了个新男友，还是个硕士。不过这次，楚佳不想重蹈覆辙，因为她知道，失去自我的爱情是难以持久的。

女人经常爱得失去自我，一个没有自我的女人，可能从未好好关爱过自己。当一位她爱的人出现时，她自然就把关注点全部投在对方身上，倾尽全力为对方付出。她愿意随时随地接受并承担情感世界里出现的责难、内疚。她不是为自己活，而是为了别人；与其说她是无私奉献的乖乖女，不如说她是失去自我的爱情奴隶。但是，爱情和婚姻是一种平等的伴侣关系，而不是主人与奴仆的关系。伴着一个没有自我的女人，男人承担的是最沉最重的情感包袱。

爱情的形状应该是椭圆，有棱角的人进入爱情领域，棱角就应该磨没了。有棱角的爱情肯定是相互的伤害，我们应该把棱角磨得平滑，让它刺不到心爱的人，让爱人感觉是一方暖玉。但是太圆的爱情就会失去自我，失去自我的爱情是悲哀的，生命毕竟不是按照对方的意念才被上帝创造出来的。没有自我的爱情不会被爱人喜欢，他们在感到舒适的时候还希望有些棱角来刺激一下，不然爱情就会成为一碗没有菜的白米饭。爱情不是面对一顿饭，它是一生的饭，它是在不断地变化的口味。让谁一生吃一样的菜，恐怕每个人会厌烦，哪怕是龙肝凤胆。

爱是一种包容

"处处绿杨堪系马，家家有路到长安。"宽容就是潇洒。宽厚待人，容纳非议，乃幸福美满、感情融洽之道。事事斤斤计较、患得患失，活得也累，难得人世走一遭，潇洒最重要。

包容就是忘却。人人都有痛苦，都有伤疤，动辄去揭，便添新创，旧痕新伤难愈合。忘记昨日的是非，忘记爱人曾经有过的一段浪漫，忘记别人先前对自己的指责和谩骂，时间是良好的止痛剂。学会忘却，生活才有阳光，才有欢乐。

包容就是忍耐，对于误解，过多的争辩和"反击"实不足取，唯有冷静、忍耐、谅解最重要。相信这句名言："宽容是在荆棘丛中长出来的谷粒。"能退一步，天地自然宽。

包容就是洞察。世界由矛盾组成，任何人或事情都不会尽善尽美。无论是"金玉良缘"，还是"模范夫妇"，都是相对而言。他们的矛盾、苦恼常被掩饰在成功的光环下，而掩盖的工具恰恰是宽容。不必羡慕人家，不要苛求自己，常用包容的眼光看对方，感情才能稳固和长久。

一位老妈妈在她50周年金婚纪念日那天，向来宾道出了她保持婚姻幸福的秘诀。她说："从我结婚那天起，我就准备列出丈夫的10条缺点，为了我们婚姻的幸福，我向自己承诺，每当他犯了这10条错误中的任何一条的时候，我都愿意原谅他。"有人问，那10条缺点到底是什么呢？她回答说："老实告诉你们吧，50年来，我始终没有把这10条缺点具体地列出来。每当我丈夫做错了事，让我气得直跳脚的时候，我马上提醒自己：算他运气好吧，他犯的是我可以原谅的那10条错误当中的一个。"

这个故事告诉我们：在婚姻的漫漫旅程中，不会总是艳阳高照、鲜花盛开，也同样有夏暑冬寒、风霜雪雨。面对生活中的一些矛盾，如果能像那位老妈妈一样，学会包容和忍让，你就会发现，幸福其实就在你的身边。

互相包容的朋友一定百年同舟；互相包容的夫妻一定千年共枕；互相包容的世界一定和平美丽。穿梭于茫茫人海中，面对一个小小的过失，常常一个淡淡的微笑，一句轻轻的歉语，带来包涵谅解，这是包容；在人的一生中，常常因一件小事、一句不注意的话，使人不理解或不被信任，但不要苛求任何人，以律人之心律己，以恕己之心恕人，这也是包容。所谓"己所不欲，勿施于人"，也寓理于此。

法国19世纪的文学大师维克多·雨果曾说过这样的一句话："世界上最宽阔的是海洋，比海洋宽阔的是天空，比天空更宽阔的是人的胸怀。"雨果诗意的话具有深刻的现实启示。

人生关键点拨

人无完人，你总会慢慢在生活中发现自己完美的爱人身上的种种瑕疵，爱一个人不仅要爱他的优点，也要包容他的缺陷。

包容是一种博大，它能容纳人世间的喜怒哀乐；包容是一种境界，它能使人跃上大方磊落的台阶。只有包容，才能"愈合"不愉快的创伤；只有包容，才能消除双方的"剑拔弩张"。

包容，意味着你不会再患得患失。包容，首先要包容自己，只有对自己宽容的人，才有可能对别人也宽容。人的烦恼一半源于自己，即所谓画地为牢，作茧自缚。电视剧《成长的烦恼》讲的都是烦恼之事，但是他们对儿女、邻居的包容，最终都把烦恼化为了捧腹的笑声。

包容的过程也是"互补"的过程。爱人有过失，若能予以正视，并以适当的方法给予批评和帮助，便可避免大错。自己有了过失，也不灰心丧气，一蹶不振，同样也应该宽容和接纳自己，并努力从中吸取教训，引以为戒。芸芸众生，各有所长，各有所短。争强好胜失去一定限度，往往受身外之物所累，失去做人的乐趣。只有承认自己某些方面不行，才能扬长避短，才能不被嫉妒之火吞灭心中的灵光。

包容，对人对自己都可成为一种无须投资便能获得的"精神补品"。在短暂的生命历程中，学会包容，意味着你的生活更加快乐。包容，是经营感情的一种哲学。

对自己的爱情负责

真爱，是一曲不老的赞歌，千百年来一直在人类的心灵里悠扬地吟唱。真爱，注定是人们心中最热切的那一份呼唤和渴望。特别是越来越缺失真挚感情的今天，特别是在许多感情都变得错综复杂的今天，"真爱"仍会触及人类灵魂最柔软的部位。许多人都在经历了种种复杂的情感的折磨后，更加呼唤真爱，更加渴望拥有真爱。真爱，任何时候都有其存在的价值和意义。下面的这个故事，就让我们感受真挚爱意的可贵和不可战胜。

他和她结婚时家徒四壁，除了一处栖身之所外，连床都是借来的，更不用说其他的家具了。

然而她却倾尽所有买了一盏漂亮的灯挂在屋子正中。他问她为什么要花这么多钱去买一盏奢侈吊灯，她笑笑说："明亮的灯可以照出明亮的前程。"他不以为然地笑她轻信一些无稽之谈。

渐渐地，日子好过了。两人搬到了新居，她却舍不得扔掉那一盏灯，小心地用纸包好，收藏起来。

不久，他辞职下海，在商场中搏杀一番后赢得千万财富。像所有有钱的男人一样，他先是招聘了个漂亮的女秘书，很快女秘书就成了他的情人。他开始以各种借口外出，后来干脆无须解释就夜不归宿了。她劝他，以各种方式挽留他，均无济于事。

这一天是他的生日，妻子告诉他无论如何也要回家过生日。他答应着，却想起漂亮情人的要求，犹豫之后他决定去情人处过生日后再回家一次。

情人的生日礼物是一条精致的领带。他随手放到一边，这东西他早已拥有太多。半夜时分他才想起妻子的叮嘱，忙急匆匆赶回家中。

远远看见寂静黑暗的楼房里有一处明亮如白昼，他看出来正是自己的家，一种遥远而亲切的感觉在心中升起。当初她就是这样夜夜亮着灯等他归来的。

推开门，她正泪流满面地坐在丰盛的餐桌旁，没有丝毫倦意。见他归来，她不喜不怒，只说："菜凉了，我去再热一下。"

他没有制止她。因为他知道她的一片苦心。当一切准备就绪之后，她拿出一个纸盒送给他，是生日礼物。他打开，是一盏精致的灯。她流着泪说："那时候家里穷，我买一盏好灯是为了照亮你回家的路；现在我送你一盏灯是想告诉你，我希望你仍然是我心目中的明灯。可以一直照亮到我生命的结束。"

他终于动容。一个女人选择送一盏灯给自己的男人，应该包含着多少寄托与企盼！而他，愧对这一盏灯的亮度。

他最终回到了她的身边。选择了妻子，放弃了情人。因为他已明白爱是一盏灯。不管它是否能照亮他的前程，但它一定能照亮一个男人回家的路。因为这灯光是一个女人从心底深处用一生的爱点燃的。

才女张爱玲写过，也许每一个男子都有过这样的两个女人，至少两个。娶了红玫瑰，久而久之，红的变了墙上的一抹蚊子血，白的还是"床前明月光"；娶了白玫瑰，白的便是衣服上的一粒饭粘子，红的却是心口上的一颗朱砂痣。

人生关键点拨

朋友们，用心去经营自己的情感生活吧，爱情色彩暂时的消退，只是因为你还在无光的隧道中行走罢了。有朝一日，当彼此经历风雨，相扶着走过人世的沧桑，面对夕阳下白发苍苍的彼此时，便领悟了爱情的真正含义。真爱绝对是人世间永不老的一曲赞歌。

　　有这么一个故事，欧洲某国一个男人病危，他让医院通知两个女人。一个是他的情人，一个是他的妻子。两个女人一前一后进了屋。

　　见到情人，男人的眼睛为之一亮。他慢慢地从贴身的衣服里，掏出一个电话本，然后从里面摸出一片树叶标本。他说："你还记得吗？我们相识在一棵丁香树下，这片丁香叶正好落在你的秀发上，我一直珍藏着……我一辈子也忘不了你。"

　　说完，他看到了紧跟情人的后面而来的妻子。看上去，妻子焦急又憔悴，他以为妻子是不会来的，便一惊，然后眼里涌出几滴泪水。你望着我，我望着你。几分钟后，他缓缓地从枕头底下，拿出一个钱包。他对妻子说："让你受苦了，这是我积攒的全部积蓄 38 万元、还有股权证、房产证，留给你和儿子的，好好生活，我要走了……"

　　站在一边的情人闻听，气得扔下那片丁香标本，像树叶一样飞走了。此时，妻子却紧紧地握住他的手，让他在温暖的怀抱中，慢慢地合上了双眼。

　　张爱玲的描写更多的是从人性的角度去观望，其实，在一些男人的心目中，情人只是一片丁香花，谈情说爱时是满眼芬芳，一旦到了生离死别的时候，情人就是那枯萎的丁香，苦味只能留给自己品尝。而妻子却是一个口袋，扔了时是一块破布，捡起来仍是盛钱的口袋，他会把名利与最后的爱都留给妻子。

　　然而，我们要说的是，既然如此，何必当初！不忠诚于自己的所爱，就是一种背叛。感情是一把双刃剑，当你以不认真的态度去对待它时，你会在伤害自己的同时伤害了你曾经的爱人！一个男人必须懂得担当自己的责任，不能将感情当成儿戏，认真地对待自己的所爱，并为自己的爱人全心地付出。爱就应当承担相应的责任，唯有当你真正珍惜自己的所爱并为其努力付出时，你才能赢得真正的爱情！

第九章

婚姻——
慎重选择，用心经营

婚姻是人生中最重要的选择之一，不要将婚姻看作生命的围城、爱情的坟墓，当爱变成一种包容，一种习惯，当爱情与亲情融为一体，情感的真　便更容易体会。当爱情的温度由炽热变为温和，当激情与浪漫化为生活中的关爱与平淡，感情不是走到了尽头，而是转向了深处。

婚姻是人生最重要的选择

启蒙思想家卢梭曾说："我不仅把婚姻描写为一切结合之中最甜蜜的结合，而且还描写为一切契约之中最神圣不可侵犯的契约。"而越来越多的人却正在践踏，无视这种契约，他们把婚姻仅仅视作一种最为平常的合作关系，可以招之即来，挥之即去，就像一张彩票，即使赌输了，也可以撕毁，事实上，谁亵渎了婚姻，谁就最终亵渎了自己。

世界上有两种事情无法逆转：一堵倒向自己的墙壁和一个倒向别人怀

抱的爱人。婚姻是比爱情更现实的东西，它源于爱情，又高于爱情，爱情不需要刻意地雕琢，婚姻却要用心去经营，一旦我们经营不善，我们怀中的爱人就会一去不复返。

英国著名影星费·雯丽在演出了好莱坞历史上最经典的爱情作品《飘》之后，一夜成名，她本人与"忧郁王子——哈姆雷特"的扮演者劳伦斯之间的爱情也堪称一段惊天地、泣鬼神的爱情佳话，两个人的爱情在历经种种磨难之后终于修成正果——他们步入了婚姻的圣殿。

然而，正是这两位对爱情有着最为完美的诠释的影星，他们的婚姻却以不幸告终。他们的爱情经受了考验，婚姻却一败涂地。他们的爱情是完美的，然而正是因为他们以要求完美的爱情的眼光来要求婚姻，他们的婚姻才抵抗不了这理想的重压而轰然倒塌，这种不可承受之重终于毁灭了他们的幸福。有很多恋人在没成婚前卿卿我我，而一旦婚后却反目成仇，曾经山盟海誓的爱情被婚姻磨去了最后的光泽，两个人终于向生活妥协以分手告终。婚姻，对很多不善经营的人来说，确实是爱情的坟墓，但是，只要能用心过好你和另一半的每一天，你和爱人的感情就会在这种可贵的经营下日久弥深。

美国历史上伟大的总统林肯，受到世界的瞩目，受到美国人民的爱戴。但是他却有一个糟糕的家庭，确切地说，因为有一个"母夜叉"式的妻子。

林肯的妻子似乎拥有终身对他指责、抱怨的权利，在她眼里，林肯的一切都是不对的：她认为丈夫走路难看，没有风度，脚步呆直得像个印第安人，又嫌他的脚太大，两只耳朵与他的头成直角地竖立着，甚至说林肯的鼻子不直，嘴唇像猩猩……她不停地向他发怒、挑剔着，最受不了的是她那尖锐高亢的噪音，隔街都能听见，经常闹得四邻不安。

她除了用声音发泄内心的莫名仇恨外，有时甚至用行动来发泄内心的愤怒，有一次她甚至在客人面前把一杯热咖啡迎头泼在林肯的脸上。在外面何等风光，在家里却如此的狼狈。任林肯如何劝说退让，都改变不了

人生关键点拨

"幸福的家庭总是相似的，不幸的家庭各有各的不幸"，要想美好地度过一生，就只有两个人结合，因为半个球是无法滚动的，而一旦你选择错了婚姻，你就一脚踏进了痛苦的深渊。

这刁蛮的"国母"。林肯后悔这段不幸的婚姻，每到周末，大家都归心似箭，只有林肯最怕回家，宁可躲到无人察觉的地方去稍睡片刻。

年复一年，这位伟大的总统为了避开这位可憎的第一夫人，宁肯在简陋的旅店中寂寞地长居，也不愿回家听妻子的怒斥和无理的喊叫。家，应该是美妙温馨的充满吸引力的地方，但在林肯心中丧失殆尽。这位第一夫人就是这样一锄一铲地慢慢挖掘出一个"坟墓"，埋葬了爱情，毁灭了幸福，埋葬了人生——自己的还有林肯的。

与林肯的遭遇相反的是英国政治家丘吉尔，他曾经不无炫耀地说："我最显赫的成就，不是别的，而是当年我说服了克莱蒂娜与我结婚，她是我一生中唯一的女人，没有她我可能不会有任何成就。"

适应婚姻与爱情的温差

爱情和婚姻的温度是不同的，爱情是滚烫的，而婚姻却是温凉的，许多人正是由于无法适应婚姻与爱情的温差，而让双方的感情越走越远。

一对曾经让人羡慕不已的恋人，在结婚一年后吵吵闹闹地走上了法庭，要求离婚。朋友、家人都十分惊讶，力图去劝说他们："相恋 5 年，多少次花前月下，为什么反目成仇呢？"

妻子委屈地说："他曾说爱我一辈子，可是现在他宁肯欣赏那些街上的漂亮女孩，回到家，也懒得看我一眼，还挑三拣四。"其实这位妻子很漂亮，在街上同样有极高的回头率。

丈夫生气地说："你不也一样，在街上、班上都能和颜悦色温柔体贴地对待每个人，回到家里，总是冷着个脸，絮絮叨叨，总是强词夺理，越来越像个泼妇！"

调解员说："你们都希望对方永远爱自己，可是却受不了生活中的平凡琐事，自己反省一下，是否是这样的情形？你们有很深的感情基础，生活应该多制造一些爱的氛围，平凡的生活也有其独特的魅力，试着去寻找吧！"

婚姻永远是由无数个琐碎的细节叠加而成的，所以说琐碎的生活成就了爱情的永远。在琐碎中，发现乐趣，在琐碎中互相谅解，这是成功夫妻的宝典。

一位社会学博士生，在写毕业论文时糊涂了，因为他在归纳两份相同性质的材料时，发现结论相互矛盾，一份是杂志社提供的4800份调查表，问的是：什么在维持婚姻中起着决定作用（爱情、孩子、性、收入、其他）？90%的人答的是爱情。可是从法院民事庭提供的资料看，根本不是那么回事，在4800对协议离婚案中，真正因感情彻底破裂而离婚的不到10%，他发现他们大多是被小事分开的。看来真正维持婚姻的不是爱情。

人生关键点拨

走进婚姻，不意味着放弃爱情，虽然爱情是热烈的，滚烫的，婚姻是真实的，温凉的。其实，只要二者真正融合，你就会发现这才是人生最舒服的温度。

例如0001号案例：这对离婚者是一对老人，男的是教师，女的是医生。他们离婚的直接原因是：男的嗜烟，女的不习惯，女的是素食主义者，男的受不了。

再比如0002号案例：这对离婚者大学时曾是同学，上学时有3年的恋爱历程，后来分在同一个城市，他们结婚5年后离异。直接原因是：男的老家是农村的，父母身体不好，姐妹又多，大事小事都要靠他，同学朋友都进入小康行列，他们一家还过着紧日子，女的心里不顺，经常吵架，结果就分手了。

再比如第4800号案例：这一对结婚才半年，男的是警察，睡觉时喜欢开窗，女的不喜欢；女的是护士，喜欢每天洗一次澡，男的做不到。俩人为此经常闹矛盾，结果协议离婚。

本来这位博士以为他选择了一个轻松的题目，拿到这些实实在在的资料后，他才发现《爱情与婚姻的辩证关系》是多么难做的一个课题。

他去请教他的指导老师，指导老师说，这方面的问题你最好去请教那些金婚老人，他们才是专家。

于是，他走进大学附近的公园，去结识来此晨练的老人。可是他们的经验之谈令他非常失望，除了宽容、忍让、赏识之类的老调外，在他们身上他也没找出爱情与婚姻的辩证关系。不过在比较中他有一个小小的发现，那就是：有些人在婚姻上的失败，并不是找错了对象，而是从一开始就没弄明白，在选择爱情的同时，也就选择了一种生活方式。

就是这种生活方式的小事，决定着婚姻的和谐。有些人没有看到这一点，最后使本来还爱着的两个人走向了分手的道路。

莫把婚姻变为爱情的坟墓

在许多童话故事中经常可以看到这样的情节：公主和王子相恋了，然后结了婚，接下来是"从此以后，就过着幸福快乐的生活"了。然而，现实生活并非如此，在现实生活中我们的家庭是需要"经营"的，而且需要用心的经营，否则便没有幸福可言。

峰和敏是通过自由恋爱认识的，后来"有情人终成眷属"。但是却没有像童话故事那般，从此过上了快乐和幸福的生活。结婚多年，敏对家庭中那"一地鸡毛，诲人不倦"可真是深有感触。结了婚，不知怎么会有那么多的事情要做，有那么多的琐碎要打理，而峰身上更是突然间冒出了许多毛病，让她应接不暇。敏本是满腔热情，心怀憧憬地投入到小家庭建设当中的，可是丈夫经常出现的一些"小打小闹"却似给她当头泼了一盆凉水，浇熄了她的热情，浇灭了她的憧憬。

丈夫在外面时堪称帅哥白领，西服笔挺，头光颈靓。可回到家里，却原形毕露，穿着短裤，光着膀子，甚至一天都不梳头不洗脸。他会把烟灰弹得到处都是，衣物随地乱放。他会小便完不冲水就立即奔到电视机前观看球赛或上网冲浪。他每次看书写文章时，总是把书和纸摊得满屋都是，把原本整洁的房间弄得乱七八糟，让她看到就心烦。好心为他收拾以后，反而引起他的不满，不是哪页纸丢了就是哪本书不见了，总要和她争得面红耳赤。他睡觉时梦话连篇，有时还会"夜半歌声"。有一回睡到半夜，峰不知道梦见了什么暴力事件，突然飞起腿踹了敏一脚，差点把她踹到床下。这件件桩桩，真是和他有数不完的气要生。

那天，敏买了一捆葱回家，本来是想留作葱花用的。可是峰倒好，还没等晚饭出锅，那一捆葱已经被他报销得差不多了，早就蘸着大酱吃起来了，他嘴里的那个味道别提多冲了。

而峰对妻子也是有一肚子的不满，特别是对妻子每次出门时都拖拖拉拉、磨磨蹭蹭的做法很有意见。虽然嘴上没说，心中却老大不舒服，总想找机会刺刺妻子，消消积怨。

有一天晚上，峰买好了妻子最喜欢的音乐会门票，兴冲冲赶到家里时，敏正在做晚饭。峰一进门就嚷："快，快，晚饭快别做了，快换好衣服上路。这是你最喜欢的，应该快点了，否则来不及。"敏听到丈夫把"你最喜欢的"说得特别响，把"应该"与"快"强调得非常突出，感到很不自然，没吭一声，继续做饭。

"嗨，你怎么啦，想不想去啊!?"峰看到她不为所动，不由得有点急了。"不想。"敏冷冷地、轻轻地回答。

这下可惹怒了峰，他满心不平，为了她，他才下班后急急忙忙赶到音乐厅买票，人多极了，自己花了九牛二虎之力才买到了两张，又怕误时间，打了出租车赶回来，到门口时一着急还差点儿摔了一个跟头，结果落了个吃力不讨好，真倒霉！峰一怒之下，当着妻子的面把门票撕了，丢进了垃圾桶，独自回房看书了。

在这之后，类似的矛盾不断发生，而峰和敏都没有及时想办法解决，最终导致了他们婚姻的解体。

夫妻关系是一个家庭的基础关系，也可以称得上是家庭关系中最微妙也最难处理的一种关系。两个原本陌生、没有任何渊源的人，只因情投意合，便共同构筑了一个家庭的城堡，心甘情愿地将自己禁锢在了围城之内。可是，两个人毕竟来自不同的环境，拥有不同的背景，要长期地共同生活在一起，自然会产生许多摩擦与碰撞，引起各种矛盾与冲突。所以，夫妻间有一段不合拍的过程是正常的，为生活琐事拌几句嘴、小打小闹是不可避免的。这时应该学会忍耐，不要互相埋怨、数落对方的不是。当双方发生冲突和摩擦时，要设身处地地为对方着想，避免自己在情绪恶劣的状态下，做出伤害对方的事情来。要知道，夫妻之间的地位平等是现代家庭的理念，这也是社会中对平等自由的追求在家庭中的体现。任何一方都没有权利伤害另一方。

要消除这些美满婚姻中的危机，中心法则就是：爱他就让他自由地生活。

人生关键点拨

婚姻就像一双鞋子，只有经过一段时间的磨合才能适脚，所以夫妻双方不要怨恨自己找错对象，要明白真正的金婚银婚，多是走过了一个漫长的磨合之路。

它告诉我们的是：在结婚以后，首先应学的事，就是不干涉对方原有的那种特殊快乐的行为和方法，你只爱你爱上对方的那一点就行了，对于你不喜欢的方面，要宽容，让其自由地发展，否则，你就成了你们美满婚姻的掘墓人。

再让我们来看一下峰和敏的故事的另一个结局：

当敏见到丈夫气愤地撕掉门票扭头回屋时，也感觉自己做得是有些不对，但又责怪他太过分了。

以后的两三天中夫妻关系冷却了下来，使他们的头脑也冷静了下来。峰静思以后，转而开始静静地观察妻子，渐渐找到了问题的症结所在。两人以后再一起外出时，峰总是提前一刻钟提醒妻子，并且主动询问妻子自己可以做些什么事，一件件与她一起完成。这样下来，妻子再没有拖拉现象，常常提前几分钟就收拾完毕，与他一起开开心心地出发。

敏也渐渐意识到，好多事情在发生时，只要多为对方想想，问题就会迎刃而解。星期日的早上，她会早早起床，给丈夫买好豆浆、油条，然后就到卫生间去洗前一天换下来的衣服，包括一双丈夫换下来的袜子。她在整理丈夫的东西时，也总会先问问他该如何收拾，两人再一起配合着做。有时，两个人在整理房间时会相视一笑，她会给丈夫一个甜蜜的吻，他们之间的感情更深了。

的确，你应该爱你看上他的那一点，对于不喜欢的方面，要多给予宽容和理解。夫妻在家庭中的地位是平等的，无论是在经济上还是在心理情感方面，都应如此，没有谁理所当然地高出对方一头。所以，相爱的夫妻间，不论哪一个人都不应盛气凌人地指责对方，而是应该在心理上互相接纳，在生活习性上彼此宽容。即使双方性格迥然，情趣相异，但只要相爱，彼此就会有相当大的相容性。

冷静处理婚姻危机

男人和女人结婚，丈夫和妻子的身份有了，意味着一出家庭剧拉开了帷幕，夫妻双方都必须在思想和行动上尽快进入状态，入戏，各司其职，找到自己的位置，担起自己的责任，才有家的感觉。一旦角色错位或空位，戏就演砸了，演员也想跑了。

茜与丈夫结婚半年以来，一直在实行婚前制定的婚姻契约。结婚前，他们都认为婚姻契约和夫妻ＡＡ制是实现男女平等和婚姻自由的"最高境界"，这样可以保持恋爱时期的状态，可以在享受自由的同时感受不到婚姻的压力。他们都是新新人类，所以他们便效仿了西方世界提倡的"婚姻平等论"，两个人有相互独立的空间和自由，甚至各自的收入和开支都计算得很清楚。

茜以为这样的婚姻才是最幸福的，可是她却总也找不到一家人的感觉，结婚以后他们各自仍旧干着婚前各自的事情，很少在一起吃饭，唯一改变的就是每天可以见一面，但连这种亲密感似乎也不曾长久存在。丈夫与她越来越疏离，最近都会很晚才回来，问他理由，他总是说忙，茜感到了一丝恐慌。

在一个寂寞的早晨时，茜偶然在丈夫的枕头底下发现了一本厚厚的日记，她不是有意偷看，但按捺不住的好奇心仍驱使她打开了日记。

3月5日

结婚几个月了，我没有了那种新鲜的感觉。我仍旧还是我自己，我与她之间感觉不到渴望中的那种亲密，我不能拿她当成我自己……我不知道女朋友与老婆之间有什么区别，因为，直到现在我也没有感觉到老婆的存在，我也不知这是怎么了……

4月7日

我的收入仍旧是自己掌管，有时候我主动买了一些东西，她也要给我划账。她说，她自己不是要靠男人养的那种女人，她自己的工资够她生活的了。我知道她的收入比我少，但我没有了做丈夫的感觉……

5月3日

好不容易放了7天假，她却出去玩了，我一个人在家。我在酒吧和朋友混了 7 天，突然觉得没有了她，我一样生活。我突然间感到了一种悲哀，我为我自己难过，结婚半年多了，我似乎仍是单身……

茜看着看着不由哭了，她发现自己犯了一个致命错误。他是那种渴望家的男人，渴望做丈夫的那种男人，他要的不是平等，也不是所谓的自由，他要的是温暖。在他斯文的外表下面，有的是一种征服与归属的欲望……而这些最简单的东西，自己却没能给他。这本日记也许是他故意留给她看的，也许他在试着挽回他们的爱情。

晚上，茜破天荒地下厨给丈夫做了一桌美食。在此之前，她一直很反对女人归属厨房的理论，都是他在做饭。为了保持平等，她会给他洗衣服。

饭桌上，茜亲切地叫了丈夫一声"老公"，而在此之前，他们一直互叫名字。茜说："以后，你的钱让我管吧，因为我们得攒钱买房了。"丈夫笑了。她说："你是男人，以后记得早回家，因为你是有老婆的人。"丈夫的眼睛里有了泪花。他问她是不是看了他的日记，她没有说话，只是说："我是明白了要怎样做你的老婆。"

茜明白，嫁了这样的一个男人，就要习惯这种看似不平等的"平等"。不管自己在外面是怎样的一个"女强人"，回家后，还是要当一个小女人。她渐渐地喜欢上了这种感觉。因为她真正拥有了家的感觉。

人生关键点拨

婚姻生活中，感情上的相对平等是必要的，也是可以实现的，包括夫妻双方平等交流，互相爱护，共同商议家事以及尽个人所能为家庭幸福做贡献等，因为爱情可以让你心甘情愿地分担许多事情。

在婚姻中，有时所谓的"自由"和"平等"其实只是在逃避责任，逃避做丈夫或妻子的责任。

钱的多少，职位的高低，做家务事多少，像这些具体的事情可以划分清楚，给婚姻带来的干扰可以得到修正，但感情和感觉又怎么能通过量化的概念来衡量等与不等呢？有一句在婚姻和家庭中同样适用的话："公平是相对的，不公平是绝对的。"

一位哲人说得好："夫妻的爱情，并非热恋时花前月下的卿卿我我，而是'投其所好'、'送其所要'的无微不至的体贴。"无论是名震天下的英雄还是默默无闻的农妇，无论是妻子还是丈夫，都需要从爱人那里得到关心、爱护和无微不至的体贴、照顾。体贴，在婚前是浇灌爱情之花灿烂绽放的甘露，在婚后是保证爱情之树长青的阳光。失去了体贴，夫妻间的幸福感和安全感将荡然无存。所以在细微之处和生活小事中表露出来的体贴最能体现相爱之深。

人生旅途中，不可能事事如意，当爱人遇到不幸或挫折时，最容易感到心灵的孤独，十分需要精神上的安慰。对于妻子，可能最需要的就是丈夫厚实的肩膀与宽广的胸膛，让她的泪落在你肩膀，温言软语，就是最大的安慰。对于丈夫，则要看他的性格而定。他若是个颓废的男人，不妨提醒他，他还是这个房子的主人，有为人夫为人父为人子的责任，十年八年后他一定会感激不尽。他若是个自尊心极强、绝不能容忍自己在女人面前示弱的男人，不如假装没看见他的失意，默默支持他，让他静静舐舐自己的伤口。假如他介于两者之间，则可以炒上几个小菜，与其对酌，看他有什么苦要倾诉。

让婚姻持久保鲜

爱的失去，尽都是在很小的地方。

自古以来，花是爱情的象征，对于男人来说，向自己的爱人送上一束鲜花，会讨得爱人的喜爱。它们不必花费你多少钱，在花季的时候尤其便宜，而且常常街角上就有人在贩卖。但是从一般丈夫买一束水仙花回家的情形之少来看，你或许会认为它们像兰花那样贵，像长在阿尔卑斯山高入云霄的峭壁上的薄云草那样难以买得到。

为什么要等到太太生病住院，才为她买一束花？为什么不在明天晚上就为她买一束玫瑰花？那你就买一束试试。

乔治·柯汉在百老汇上班，工作很忙，但他每天都要打两次电话给他太太，一直到她病逝为止。你是不是会认为每次他都能够告诉她一些惊人的消息？没有。这些小事的意义是：向你所爱的人表示你在相信着她，你想使她高兴，那么，你的心里就重视她的幸福和快乐。

芝加哥的约瑟夫·沙巴斯法官，他曾处理过4万件婚姻冲突的案子，并使2000对夫妇复和。他说："大部分的夫妇不和，并不是很重要的事引起的。

人生关键点拨

如果你要维护家庭生活的幸福快乐，就要注意一些细节问题，花点心思，同时包容爱人的瑕疵，这样才能让自己的婚姻持久保鲜。

诸如，当丈夫离家上班的时候，太太向他挥手再见了，可能就会使许多夫妇免于离婚。"

卡耐基说，人们一生的婚姻史就像由无数小事串在一起的念珠。忽视这些小事的夫妇，就会不和。艾德娜·圣·文生·米蕾，在她一篇小的押韵诗中说得好："并不是失去的爱破坏我美好的时光，但爱的失去，尽都是在小小的地方。"

在雷诺有好几个法院，一个星期有 6 天为人办理结婚和离婚，而每有 10 对来结婚，就有一对来离婚。这些婚姻的破灭，有多少是由于真正的悲剧呢？其实，真是少之又少。假如你能够从早到晚坐在那里，听听那些不快乐的丈夫和妻子所说的话，你就知道"爱的失去，全都是一切小的细节问题所造成的"。

关注细节，但不要挑剔瑕疵。英国著名政治家狄斯瑞利是在 35 岁时才向一位有钱的、比他大 15 岁的寡妇恩玛莉求婚的，恩玛莉既不年轻也不美貌，更不聪明，她说话充满了使人发笑的文字上的与历史上的错误。例如，她"永不知道希腊人和罗马人哪一个在先"，她对服装的品位古怪，对屋舍装饰的品位奇异，但狄斯瑞利也同样地没有过分挑剔这些，他只是注意到她是一个天才，一个确实的天才，那表现在婚姻中最重要的事情上：处置男人的艺术。

事实证明，狄斯瑞利的选择是正确的。恩玛莉在他们的婚姻生活中没有用她的智力与狄斯瑞利对抗。当他一整个下午与机智的公爵夫人们钩心斗角地谈得精疲力竭以后回家时，恩玛莉的轻松闲谈能够使他变得松弛，于是，家庭使他日增愉快，成为他获得心神安宁的温存的地方。那些与他的年长夫人在家所过的时间，是他一生最快乐的时间。她是他的伴侣、他的亲信、他的顾问。每天晚上他由众议院匆促回来，告诉她日间的新闻。而最重要的是无论他从事什么，恩玛莉都不相信他会失败。

30 年的工夫，恩玛莉为狄斯瑞利而生活，而且只为他一个人。反过来说她也是狄斯瑞利的女英雄，在她死后他才成为伯爵，但在他还是一个平民时，他就劝说维多利亚女皇擢升恩玛莉为贵族。所以，在 1868 年，她被升为毕根非尔特女爵。

无论恩玛莉在公众场所显出如何无意识，或没有思想，狄斯瑞利永不批评她；他从未说过一句责备的话；如果有人讥笑她，他立即起来忠诚地护卫她。

狄斯瑞利也并不是毫无瑕疵的，但30年工夫，她从未厌倦谈论她的丈夫，不断地称赞他。结果呢？狄斯瑞利说："我们已经结婚30年了，她从来没有使我厌倦过。"

恩玛莉也常常幸福地告诉他与她的朋友们："谢谢他的恩爱，我的一生简直是一幕很长的喜剧。"

正如美国著名的心理学家詹姆士所说的："与家人交往，第一件应学的事，就是不要只注意对方的瑕疵，如果那些东西并不是激烈得与我们相冲的话。"

拿出一把小刀来，把下面一段话割下来，然后贴在帽子里面或贴在镜子上面，好让自己每天都得到提醒："凡事一逝不可追，因此，凡是有益于任何人，而我又可以做的事情，或是我可以向任何人表示亲切的事情，我现在就去做。不可因循，不可疏忽。"

接受生活的考验

他们是一对有着12年婚龄的夫妻。12年前，他们还是两个刚毕业的穷学生，几乎一无所有，除了他们的爱情。12年后，他们都在各自的领域取得了一定的成绩，当年缺少的现在几乎都有了，但彼此都对婚姻感觉厌烦了。终于，他们决定分手。

"你有什么要求？"他问她。

有什么要求？她看着他，想不起来还要什么。于是，她说："我们去一趟重庆吧，我们是在那儿相识的，也在那儿结束吧。"

他听了一愣，然后点点头。他们买好了车票，简单收拾好行装，踏上了他们的离婚之旅，以此来告别他们12年的婚姻生活。

上了火车，他们找到卧铺车厢。两张卧铺，一张是上铺，一张是下铺，如果是以前，他就会主动睡上铺，把下铺留给她。但是现在，他们即将不再是夫妻了，她主动提出抛硬币来决定，他同意了。结果，她输了。她拖着笨重的身子，十分艰难地爬上去，躺在狭窄、闷热的上铺，她才知道睡在下铺是多么舒适，可惜自己以前没感觉到。火车到达重庆已经快中午了，他们找了一家酒店吃饭，侍者递来菜单，她点了一个"烧茄子"，他这才想起来，这是她最爱吃的一道菜，可她已经 3 年没吃了。因为他的胃 3 年前做过手术，不能吃甜食，所以，他们家就再没做过这道菜，他和她去饭店吃饭的时候，她也不再点这道菜。那一刻，他心里充满了歉疚。

人生关键点拨

生活是酸甜苦辣咸交错的五味瓶，是柴米油盐酱醋茶的交响曲，没了激情与浪漫，多了复杂与平淡，但经过生活的重要考验，你会发现，你能想到最浪漫的事就是和爱人一起慢慢变老。

在一个多星期的离婚之旅中，他们虽然吃、住、玩都在一起，但是他们是两个各自独立的人，自己选取自己喜欢吃的，玩自己喜欢玩的，晚上睡在自己的床上，不必兼顾对方，不必为对方改变自己。开始，两个人都有一种被解放的感觉，但是没几天，就开始感觉到被解放的空虚和孤单。

回程的日期到了，两个人的心里都有一种莫名的恐惧，他们不知道，这恐惧源于何方，回程，对他们意味着永远的分离，也意味着永远的自由。这曾经是他们俩共同盼望的解脱，但是，现在，在分离的前夜，他们却有些惧怕了。自由和安全，是无法同时存在的。你可以选择一个，但不能两个都要。他们默默无声地上了火车，仍然是两张卧铺票，仍然是一上一下，但是等她用颤抖的手拿出硬币时，他已经一个人爬到了上铺。她仰起头看到他的两只脚还有脚上穿的灰色袜子，那还是她给他买的。那一夜，她没有睡，他也一样。他们两个人都醒着，一个在上铺，一个在下铺，中间隔着距离，但是，他们的心却从来没有像现在这样靠得如此近。

以后发生的事，你也许已经猜到了，他们又生活在一起，关于离婚的事，谁也没有再提。

其实，幸福就在生活的点点滴滴中体现，只要你经常地去感悟自己的生活，你就会发现幸福就在你的手中。

夫妻相处是一门艺术

尊重和权力是对立的，家庭需要的是尊重而不是权力。如果你在工作中担任经理或局长之类的职务，就会习惯于对下属发号施令，让他们干这干那，但你要记住千万不要把工作中的权力带回家庭，否则你的家庭将会危机重重。

清官难断家务事，在家里更不要较真，否则你就是愚不可及。老婆孩子之间哪有什么原则、立场的大是大非问题，都是一家人，非要用"阶级斗争"的眼光看问题，分出个对和错来，又有什么用呢？

人们在单位、在社会上充当着各种各样的规范化角色，恪尽职守的国家公务员、精明体面的商人，还有广大工人，但一回到家里，脱去西装也就是脱掉了你所扮演的这一角色的"行头"，即社会对这一角色的规矩和种种要求、束缚，还原了你的本来面目，使你尽可能地享受天伦之乐。假若你在家里还跟在社会上一样认真、一样循规蹈矩，每说一句话、做一件事还要考虑对错、妥否，顾忌影响、后果，掂量再三，那不仅可笑，也太累了。头脑一定要清楚，在家里你就是丈夫、就是妻子。所以，处理家庭琐事要采取"绥靖"政策，安抚为主，大事化小，小事化了，和稀泥，当个笑口常开的和事佬。

具体说来，做丈夫的要宽厚，在钱物方面睁一只眼，闭一只眼，越马虎越得人心，妻子给娘家偏点心眼，是人之常情，你根本就别往心里去计较，那才能显出男子汉宽宏大量的风度。妻子对丈夫的懒惰等种种难以容忍的毛病，也应采取宽容的态度，切忌唠叨起来没完，嫌他这、嫌他那，也不要丈夫偶尔回来晚了或有女士来电话，就给脸色看，鼻子不是鼻子脸不是脸地审个没完。看得越紧，逆反心理越强。索性不管，让他潇洒去，看有多大本事，外面的情感世界也自会给他教训，只要你是个自信心强、有性格、有魅力的女人，丈夫再花也不会与你隔断心肠。就怕你对丈夫太"认真"了，让他感到是戴着枷锁过日子，进而对你产生厌倦，那才真正会发生危机。家里是避风的港湾，应该是温馨和谐的，千万别把它演变成充满火药味的战场，狼烟四起，鸡飞狗跳，关键就看你怎么去把握了。

人生关键点拨

夫妻是最新的人，不必"久而敬之"，不必"相敬如宾"但夫妻相处仍要讲究艺术——理解、宽容、尊重。

阿尔倍托和维多利亚女王结婚多年来，夫妻二人感情和谐，但是也有不愉快的时候，原因就在于妻子是女王的缘故。

有一天晚上，皇宫举行盛大宴会，女王忙于接见贵族王公，却把她的丈夫冷落在一边，阿尔倍托很是生气，就悄悄回到卧室。不久，听到有人敲门，房间里的阿尔倍托很冷静地问："谁?"

敲门的人昂然答道："我是女王。"

门竟然没有开，房间里一点动静都没有。

敲门人悻悻地离开了，但她走了一半，又回过头，再去敲门。房内又问："谁?"

敲门的人和气地说："维多利亚。"

可是，门依然紧闭。

她气极了，想不到以英国女王之尊，竟然还敲不开一扇房门。她带着愤愤的心情走开了，可走了一半，想想还是要回去，于是又重新敲门。里面仍然冷静地问："谁?"

敲门的人委屈又婉和地说："你的妻子。"

这一次，门开了。

要知道，在现实生活中夫妻就是夫妻，不要为那虚伪的头衔所拖累，在夫妻的二人世界里，不存在高低贵贱之分，不要有任何的优越感，只有互相理解和尊重，彼此关心与照顾，这才是幸福的婚姻生活。

爱是自由

莉莎和男朋友分手了，处在情绪低落中，从他告诉她应该停止见面的一刻起，莉莎就觉得自己整个被毁了。她吃不下睡不着，工作时注意力集中不起来。人一下消瘦了许多，有些人甚至认不出莉莎来。一个月过后，莉莎还是不能接受和男朋友分手这一事实。

一天，她坐在教堂前院子的椅子上，漫无边际地胡思乱想着。不知什么时候，身边来了一位老先生。他从衣袋里拿出一个小纸口袋开始喂鸽子。成群的鸽子围着他，啄食着他撒出来的面包屑，很快就飞来了上百只鸽子。他转身向莉莎打招呼，并问她喜不喜欢鸽子。莉莎耸耸肩说："不是特别喜欢。"他微笑着告诉莉莎："当我是个小男孩的时候，我们村里有一个饲养鸽子的男人。那个男人为自己拥有鸽子感到骄傲。但我实在不懂，如果他真爱鸽子，为什么把它们关进笼子，使它们不能展翅飞翔，所以我问了他。他说：'如果不把鸽子关进笼子，它们可能会飞走，离开我。'但是我还是想不通，你怎么可能一边爱鸽子，一边却把它们关在笼子里，阻止它们要飞的愿望呢？"

莉莎有一种强烈的感觉，老先生在试图通过讲故事，给她讲一个道理。虽然他并不知道莉莎当时的状态，但他讲的故事和莉莎的情况太接近了。莉莎曾经强迫男朋友回到自己身边。她总认为只要他回到自己身边，就一切都会好起来的。但那也许不是爱，只是害怕寂寞罢了。

老先生转过身去继续喂鸽子。莉莎默默地想了一会儿，然后伤心地对他说："有时候要放弃自己心爱的人是很难的。"他点了点头，但是，他说："如果你不能给你所爱的人自由，那么你就并不是真正地爱他。"

长相厮守的意义不是用柔软的爱捆住对方，而是让他带着爱自由飞翔。要知道，爱需要自由的空间。

生活中一些事情常常是物极必反的，你越是想得到他的爱，越要他时时刻刻不与你分离，他越会远离你，背弃爱情。你多大幅度地想拉他向左，他则多大幅度地向右荡去。

所以我们应该让爱人有自己的天地去做他的工作，譬如集邮，或是其他任何爱好。在你看起来，他的嗜好也许傻里傻气，但是你千万不可嫉妒它，也不要因为你不能领会这些事情的迷人之处就厌恶它，你应该适时地迁就他。

人生关键点拨

留下你自己独特的性格，不要与他如影随形；留下你自己内心的隐私，不要让他感到你是曝光后苍白的底片；留下你一份意味深长与朦胧的神秘，不要将思想与灵魂在他面前抖落得一干二净，一切都应是自然形成，在你们之间留下一段距离，让彼此能够自由呼吸。

爱人有了特殊的嗜好以后，有些时候要让他独自去做他喜爱的事，使他觉得拥有真正属于自己的东西。毫无疑问，爱人时常需要从捆在他脖子上的爱的锁链里挣脱出来。如果我们能够帮助并支持他们，去培养一些有趣的嗜好——并且给他们合理的机会享受完全的自由——那么我们就是在做一些使他们快乐的事了。

我们应当自信，真正的爱是可以超越时间、空间的。因此，作为婚姻的双方，在魅力的法则上，请留给彼此一个距离，这距离不仅包含空间的尺度，同样包含心灵的尺度。

不要让婚姻走到尽头

《圣经》中神对男人和女人说："你们要共进早餐，但不要在同一碗中分享；你们共享欢乐，但不要在同一杯中啜饮。像一把琴上的两根弦，你们是分开的也是分不开的；像一座神殿的两根柱子，你们是独立的也是不能独立的。"

在婚姻中两个人的关系是有韧性的，拉得开，但又扯不断。谁也不束缚谁，到头来仍然是谁也离不开谁，这才是和谐的婚姻。

夫妻之间产生争执的主要原因，是他们把婚姻当成一把雕刻刀，时时刻刻都想用这把刀按照自己的要求去雕塑对方。为了达到这个理想，在婚姻生活中，当然就希望甚至迫使对方摒除以往的习惯和言行，以符合自己心中的理想形象。但是有谁愿意被雕塑成一个失去自我的人呢？于是"个性不合"、"志向不同"就成了雕刻刀下的"成品"，离婚就成了唯一的一条路。

每个人本身都是"艺术品"而不是"半成品"，人人都企望被欣赏而不愿意被雕塑。所以不要把婚姻当成一把雕刻刀，尽想把对方雕塑成什么模样。婚姻是一种艺术眼光，要懂得从什么角度欣赏对方，而不是去束缚对方，彼此之间的空间太小了，谁都会感到不安。

不知生活中的丈夫是否注意到，你们的妻子是否因为忙于家务而没有对你所做的事情感兴趣呢？你是否是一个传统观念很强的人，要求你的妻子必须喜欢你所做的事情？你可能喜欢足球，可她却不喜欢，而她却要坐下来陪着你。

没有人提出建议，要求男人也喜欢针线活儿或者其他女人喜欢的东西。没有人会这样想，难道你的另一半就应该失去自己的人格和个性与你融为一体？

在现实的婚姻当中，事实并非如此。如果男人和女人想互相扶助，就必须保留各自的个性。

完全依附于丈夫的妻子并不是好妻子，就像为了取悦于妻子而改变自己的丈夫不是好丈夫一样，要知道，夫妻二人真诚相爱却兴趣不同是完全可能的。所以，谁也不能把对方纳入自己的视线中，要求他（她）想你所想，做你所做。

丈夫和妻子毕竟是两个不同的角色嘛。他们有共同之处，但他们是两个人而不是一个人，只有保持各自的个性，才能过上美满的生活。

婚姻由两个不同的个体组成。他们必须和谐地生活在一起，为对方的生活添加幸福与快乐。

婚姻生活应该是两重奏，而不是独奏。

婚姻生活需要技巧，需要经营，给彼此留一个自由的空间，婚姻的容量就会加大。婚姻需要的是两个人的互补，而不是完全的相同，时时刻刻以自己的要求去捆绑对方，婚姻就不再是一种和谐，而是一种重负。给另一半一个心灵的空间，你会发现你们之间不是走得更远了，而是更近了。

人生关键点拨

不要去要求你们思想、行动上绝对不分开，而要学会在分开中实现分不开，弦绷得太紧，总有一天会断掉，更何况你们本来就是两根不同的弦。给他（她）一个自己发声的空间，不仅是出于对对方的尊重，还是婚姻中的一种境界，一种不可或缺的美。

156

第十章

工作——
用工作证明自己的价值

工作是一个培养能力的过程，自己本身的能力是生存的基础，只有具备生存发展的能力才能真正踏实地生活。一时的错位会让许多人在追求结果的过程中忽视能力的培养，而当人生的轨迹发生改变，他们就会发现人生陷入了无奈的困窘之中。靠自己的双手创造幸福，生活永远不必担忧。

工作成就卓越人生

追求卓越是一种人生态度，是一种境界。卓越就是不放松对自己的要求，就是在别人放任自流时自己仍然一如既往地坚持操守，这是一种高度的责任感和敬业精神。无论人才需求如何变化，是否具有追求卓越的精神始终是老板用人的一个重要标准。

卓越不是完美。因为完美会使你受挫，使你被削弱，而卓越却是一个尽其所能去做到更佳的、不断前进的目标。在追求卓越的过程中，你可以不断地取得更佳,不断地打破个人记录,提高过去取得的成绩,从而让自己变得坚不可摧。

卓越很昂贵,你必须付全价;卓越很昂贵,但回报丰厚;卓越是真理,真理是不会被否定的。你可以把卓越推倒,掩盖卓越,忽视卓越,但无论你做什么,它总能脱颖而出上升到顶部,这就是精华法则——最优秀的将上升到金字塔顶部。

洛克菲勒是美国的石油大亨,他的老搭档克拉克这样评价他:"他有条不紊和细心认真到极点。如果有一分钱该归我们,他会争取;如果少给客户一分钱,他也要给客户送去。"他就是这样从账面数字——精确到毫、厘,分析出公司的生产经营情况和弊端所在,从而有效地经营着他的石油王国。

成功最怕"卓越"二字。做事细心、严谨、有责任心,是卓越;做人坚持原则,不随波逐流,不为蝇头小利所惑,"言必信,行必果",也是卓越;生活中重秩序,讲文明,遵纪守法,甚至小到起居有节、衣冠整洁、举止得体,都是卓越的体现。

追求卓越的人对工作有一种非做不可的使命感,并为之孜孜不倦、乐此不疲。

他们在别人都放弃时仍坚持不懈,在所有人都认定事不可为时仍殚精竭虑。

他们不仅仅维持工作或恪尽职守,他们深入内在,寻求更多的东西。当一般人放弃的时候,他们找寻下一位顾客。

他们总是在找寻如何自我改进的方法,以及顾客不买的原因;他们永远在不断地改善自己的行为、举止、态度和人格;他们总是希望知道人们为什么买,为什么不买,他们总是希望更有活力,更有行动力。

阿穆耳饲料厂的厂长麦克道尔之所以能够从一个速记员一步一步往上升,就是因为他在工作中总是追求尽善尽美。他最初在一个懒惰的经理手下做事,那个经理习惯于把事情推给下面的职员去做。有一次,他吩咐麦克道尔编一本阿穆耳先生前往欧洲时需要的密码电报书。如果是一般人来做这个工作,他只会简单地把电码编在几张纸片上敷衍了事,但麦克道尔可不是这样玩忽职守的人。他利用下班的空余时间,把这些电码编成了一本漂亮的小书,并用打字机打印出来,然后再装订好。完成之后,经理便把电报本交给了阿穆耳先生。

"这大概不是你做的吧?"阿穆耳先生问。

"不……是……"那经理战栗着回答。

"是谁做的呢?"

"我的速记员麦克道尔做的。"

"你叫他到我这里来。"

阿穆耳对麦克道尔亲切地说:"小伙子,你怎么会想到把我的电码做成这个样子呢?"

"我想这样用起来会方便些。"

"你什么时候做的呢?"

"我是晚上在家里做的。"

"是吗,我特别喜欢它。"

这次谈话后没几天,麦克道尔便坐到了前面办公室的一张写字台前。没过多久,他便代替了以前那个经理的位置。

工作成就卓越人生,只有在平凡的岗位上,做出不平凡的业绩,才能真正找到工作的意义,实现人生的价值。

> ## 人生关键点拨
>
> 不求完美,但求卓越,工作要向着卓越的方向发展,才能体会工作的乐趣。可以平凡,不可平庸,工作的态度决定人生的高度。

懂得工作的最高境界

一个人死后,在去阎罗殿的路上,遇见一座金碧辉煌的宫殿,宫殿的主人请他留下来居住。

这个人说:"我在人世间辛辛苦苦地忙碌了一辈子,现在只想吃和睡,我讨厌工作。"

宫殿主人答道:"若真是这样,那么世界上再也没有比这里更适合你居住的了。我这里有山珍海味,你想吃什么就吃什么,不会有人来阻止你。我这里有舒服的床铺,你想睡多久就睡多久,不会有人来打扰你。而且,我保证没有任何事情需要你做。"

于是,这个人就住了下来。

开始的一段日子，这个人吃了睡，睡了吃，他感到非常快乐。渐渐地，他觉得有些寂寞和空虚了，便去见宫殿主人。他抱怨道："这种每天吃吃睡睡的日子，过久了也没有意思。我对这种生活已经提不起一点兴趣了。你能否为我找一个工作？"

宫殿的主人答道："对不起，我们这里从来就不曾有过工作。"

又过了几个月，这个人实在忍不住了，又去见宫殿的主人，说："这种日子我实在受不了了。如果你不给我工作，我宁愿去下地狱，也不要再待在这里了。"

宫殿的主人轻蔑地笑了："你认为这里是天堂吗？这儿本来就是地狱啊！"

没有工作，整天无所事事的生活只会产生一种情绪——无聊，而无聊足以毁灭一个人。这个人以为不工作就是最大的幸福，而人最痛苦的事莫过于无事可做。

易卜生曾经说过："人的灵魂表现在他的事业上。"如果一个人对幸福的看法是无止境的悠闲，如果他期望退休躺在摇椅上，那么他就是活在一个愚人的天堂中。因为懒散是人类最大的敌人，它只会制造出悲哀、未老先衰和死亡。

事业在人生中必不可少，它不只对人起着维持生计的作用。人不活动，肉体会萎缩以至死亡，心灵也是这样。事业，并非如古老的信念所言，不是对原罪的惩戒——而是酬劳，是人类征服地球的手段，是统治者身份的象征。我们今天的文明，是人类建设、创造、辛勤劳动的见证——人类劳动的最重要的表现。

精力充沛的农民、商人、思想家和实践家创造了伟大的罗马帝国，一经落入腐败、堕落的不劳而获者的手中时，便崩塌垮掉了——商业、农业、教育及所有形式的活动瞬间没落了。罗马帝国的文明被忙碌的野蛮取而代之。

把我们的事业视作是一种忍受：出于经济因素的考虑而被迫忙碌至死，就是在剥夺自己享受人类的最大满足的权利。事业本身的益处、它的良好效果和治疗作用、它与性格发展的关系——使得事业成为我们生活中

人生关键点拨

专注于自己的事业经常在灾难、个人的悲惨遭遇中或失去所爱的人时成为支撑人们的力量。事业可以润泽我们平凡的人生，让我们在历经痛苦后仍然可以有力量去续写人生的辉煌。

不可或缺的要素。

爱德蒙·伯克说过："永远不要陷入绝望。如果你产生绝望情绪时，就去工作。"

出色扮演工作中的角色

在职场出类拔萃的秘诀在于：把公司当作你自己开的。丁·彭尼曾经说过："为我工作的人都得具备成为合伙人的能力，要是没有这样的潜力，我宁可不要。树立为自己打工的信念，把公司当作自己的产业，能够让你拥有更大的发挥空间、掌握实践机会的同时，也能够为结果负起责任。"

"我不过是在为老板打工。"这种想法有很强的代表性，在许多人看来，工作只是一种简单的雇佣关系，做多做少、做好做坏对自己意义并不大。这种想法是完全错误的。

实际上，无论你在生活中处于什么样的位置，无论你从事什么样的职业，你都不该把自己当成一个打工仔。生活中那些成功的人从不这样想，他们往往把整个企业当作自己的事业。

一旦你有了这样的想法，在工作中你就能比别人得到更多的乐趣和收益。你会早来晚走，加班加点，生产出的产品比别人更优秀。此时，身边人，尤其是你的老板，会将你做的看在眼里，把你和别人区别对待。当提高工资和晋升的机会来临时，他首先考虑的肯定是你。

优秀的员工是不会有"我不过是在为老板打工"这种想法的，他们把工作看成一个实现抱负的平台，他们已经把自己的工作和公司的发展融为一体了。从某种意义上说，他们和老板的关系更像是同一个战壕里的战友，而不仅仅是一种上下级的关系。对于优秀的员工来说，无论他们从事什么样的工作，他们已经是公司的老板了，在他们的眼中，他们是在为自己打工。

英特尔总裁安迪·格鲁夫应邀对加州大学的伯克利分校毕业生做演讲的时候，曾提出这样的建议：不管你在哪里工作，都别把自己当成员工，应该把公司当作自己开的。事业生涯除了你自己之外，全天下没有人可以掌

人生关键点拨

出色扮演工作中的角色，把自己当成老板，为自己打工，才能让自己在工作中不断提升。

控，这是你自己的事业。你每天都必须和好几百万人竞争，不断提升自己的价值，增进自己的竞争优势以及学习新知识和适应环境，并且从转换工作以及产业当中虚心求教，学得新的事物，这样你才能够更上一层楼以及掌握新的技巧，才不会成为 2015 年失业统计数据里头的一分子，而且千万要记住：从星期一开始就要启动这样的程序。

那么，我们应该怎么做，才能够塑造出这样的生活状态呢？那就是把自己当作公司的老板，对自己的所作所为负起责任，并且持续不断地寻找解决问题的方法，自然而然的，你的表现便能达到崭新的境界。挑战自己，为了成功全力以赴，并且一肩挑起失败的责任。不管薪水是谁发的，最后分析起来，其实你的老板就是你自己。

以下是我们对即将踏上工作岗位的青年人的 3 条忠告。

(1) 全心全意地投入你的工作岗位。自己的工作士气要自己去保持，不要指望公司或是任何人会在后头为你加油打气。为你自己的能源宝库注入充沛的活力，全心全力投入工作，为自己创造出独一无二的能力，并且乐在工作的冒险历程当中。

(2) 把自己视为合伙人。培养与同事之间的合作关系，以公司的成败为己任，像对待自己的产业那样对待自己的公司是一个青年人在事业上取得成功的重要条件。

(3) 迎接变革的需求。企业需要的是高性能的员工，我们必须持续不断地自我提高，否则根本不可能在自己的专业领域上保持优势地位。你只有两种选择，第一是终生学习并立于不败之地；第二则是成为老古董，被时代所淘汰。

树立为自己打工的信念，能够在自己的工作岗位上发光发亮，培养出企业家的精神，创造出一番新的局面。

在工作中培养能力

公司和员工是一个共生体，公司的成长，要依靠员工的成长来实现；员工的成长，又要靠公司这个平台。公司兴，员工兴；公司衰，员工衰。微软是这样，IBM 是这样，所有的公司都是这样。

公司实际上是一个全体员工生存和发展的平台。公司中的每个人，无论是老板，还是员工，都是在这个平台上履行着自己的职责，发挥着自己的作用。任何人离开了这个平台，就如同演员离开了舞台，无法施展自己的才华。

许多员工认为自己只是一个打工者，与公司只是一种雇佣与被雇佣的关系，把公司仅仅当成是一个完成工作的地方，甚至有意无意地将自己置于与老板对立的位置，这种心态和认识对于一个人的职业发展是十分不利的。

年轻人初入职场时，切记不要过分考虑薪水，而应注重工作带来的隐性报酬，抓住机会发展自己的能力，把公司当成自己生存和发展的平台。

职场上有很多人，仅仅把公司当成一个完成工作的地方，工作也只是为了自己的那份薪水，他们总会盘算：我为老板做的工作应该和他支付给我的工资一样多，只有这样才公平。这种短浅的目光不但使他们的工作充满了痛苦，也会使他们丧失前进的动力。把工作看成一个自身生存和个人发展的平台，这样，原本卑微单调的工作就成了事业发展的一个契机。

公司是员工生存和发展的平台，真正优秀的员工应当把公司看成一个实现自身价值的地方，始终与老板站在同一个立场上，自觉地维护公司的利益，建设和发展公司这个平台。这样，公司越来越大，越来越好，就能为员工创造更多的机会，提供更大的发展空间。

一位著名教授有两个十分优秀的学生，对于他们而言，毕业后找份不错工作可谓轻而易举。当时，教授有个创办公司的朋友，委托教授为他物色一个适当的人选做助理。

教授推荐两个学生都过去看看，于是他们分别前去应聘。第一个应聘的学生叫墨菲。面谈结束几天后，他打电话给教授说："您的朋友太苛刻了，他居然只肯给月薪 600 美元，我不能这样为他工作。现在我已经在另外一家公司上班，月薪是 800 美元。"

后来去的那位学生是约翰，尽管月薪也只有 600 美元，但是他却欣然接受。教授得知后问他："这么低的工资，你不觉得吃亏了吗?"

约翰说："我当然想挣更多的钱，但我对您朋友印象十分深刻，我觉得只要能从他那里学到一些本领，薪水低一些也是值得的。从长远来看，我在那里工作将更有前途。"

很多年过去了。墨菲的薪水由当年的一年 9600 美元涨到 4 万美元，而原先年薪只有 7200 美元的约翰，现在的年薪却高达 200 万美元，还有外加的公司股权和分红。

能力锻炼远比薪水重要得多，公司的存在为你能力的提升和事业的发展提供了更多的机会。当你的能力得到老板的认可和赏识时，老板就会付给你更多的薪水。许多杰出的经理人所具有的创造能力、决策能力以及敏锐的洞察力并不是与生俱来，而是在长期的工作中学习和积累得到的。由此可见，公司不但是员工之间互相交流和协作的平台，也是员工学习和展示才华的平台，只有从这个意义上认识公司，你的职业生涯才有意义，你才能将工作视为事业发展的一个契机，而不是痛苦的工水交换过程。

世界著名的成功学专家拿破仑·希尔曾经聘用了一位年轻的小姐当助手，替他拆阅、分类及回复他的大部分私人信件。当时，她的工作是听拿破仑·希尔口述，记录信的内容。她的薪水和其他从事类似工作的人大致相同。有一天，拿破仑·希尔口述了下面这句格言，并要求她用打字机打印出来："记住，你唯一的限制就是你自己脑海中所设立的那个限制。"

她把打好的纸张交还给拿破仑·希尔时说："你的格言使我有了一个想法，这对你我都很有价值。"

这件事并未在拿破仑·希尔脑中留下特别深刻的印象，但从那天起，拿破仑·希尔可以看得出来，这件事在她脑中留下了极为

人生关键点拨

人生是一个持续的过程，工作的意义在于：不仅仅是你在这段过程中经历了什么，更是你在这段过程中学到了什么。

深刻的印象。她开始在用完晚餐后回到办公室来，并且从事不是她分内而且也没有报酬的工作。她开始把写好的回信送到拿破仑·希尔的办公桌上。

　　她已经研究过拿破仑·希尔的风格，因此，这些信回复得跟拿破仑·希尔自己所能写的一样好，有时甚至更好。她一直保持着这个习惯，直到拿破仑·希尔的私人秘书辞职为止。当拿破仑·希尔开始找人来补这位男秘书的空缺时，他很自然地想到这位小姐。在拿破仑·希尔还未正式给她这项职位之前，她已经主动地接收了它。由于她在下班之后，在没有支领加班费的情况下，对自己加以训练，终于使自己有资格出任拿破仑·希尔的秘书。

　　不仅如此，这位年轻小姐高效的办事效率还引起了其他人的注意，有很多人为她提供更好的职务请她担任。她的薪水也多次得到提高，现在已是她当初作为普通速记员薪水的 4 倍。她使自己变得对拿破仑·希尔极有价值，因此，拿破仑·希尔不能失去她这个帮手。

　　请记住，一定要以老板的心态工作，既是为了得到那份薪水，也是为自己独立创业准备条件。作为一名渴望在事业上有所发展的年轻人，应该时刻提醒自己以老板的心态来工作，这样，不仅能把自己分内的工作干好，而且对自己的综合能力也是一个很好的提升。

建立工作的坐标系

　　高效的工作，从一定意义上说，也就是安排好自己工作的合理秩序，它将大大节省你的时间和精力，有利于你工作的展开。

　　某单位的秘书小沈，做事认真，头脑灵活。平时就养成了记工作日记的习惯。他将工作中遇到的事，诸如重要数据，以及老板的指示或指令都在工作日记上记载下来，并随身携带，以备不时之需。

　　有一次，老总做报告，临时需要两个数据，忙问身边的随员。可是几个人所报数字相差甚远，该听谁的呢？此时，小沈不慌不忙地掏出工作日记，报出了老总所需的精确数字。大家都不约而同地向小沈投以钦佩的目光。老总也对他另眼看待，认为他工作踏实，做事认真，周到，干得好。无形之中，小沈在老板心中的印象大大加深了。

　　培根也说过："选择时间就等于节省时间，而不合乎时宜的举动则等于

人生关键点拨

应该记住：明确自己的工作是什么，并使工作组织化、条理化、简明化，就能最有效地利用时间，这就是安排出来的效率。

乱打空气。"没有一个合理有序的工作秩序，必然浪费时间，要高效率地工作就更不可能了。试想，如果一个搞文字工作的人资料乱放，就是找个材料都会花个半天，哪有效率可言。

工作的有序性，体现在对时间的支配上，首先要有明确的目的性，很多成功人士就指出：如果能把自己的工作任务清楚地写下来，便很好地进行了自我管理，就会使得工作条理化，因而使得个人的能力得到很大的提高。

有一种使自己工作明确化的最简单的方法就是填写自己应做工作的清单，首先试着在一张纸上毫不遗漏地写出你需要做的工作。凡是自己必须干的工作，且不管它的重要性和顺序怎样，一项也不漏地逐项排列起来，然后按这些工作的重要程度重新列表。重新列表时，你要试问自己：如果我只能干此表当中的一项工作，首先应该干哪一件事呢？然后再问自己：接着该干什么呢？用这种方式一直问到最后一项。这样自然就按着重要性的顺序列出自己的工作一览表，其后，对你要做的每项工作注上该怎么做，并根据以往的经验，在每项工作上总结出你认为最合理有效的方法。

为了使工作条理化，不仅要明确你的工作是什么，还要明确每年、每季度、每月、每周、每日的工作及工作进程，并通过有条理的连续工作，来保证正常速度执行任务。在这里，为日常工作的下一步进行的项目编出目录，不但是一种不可估量的时间节约措施，也是提醒人们记住某些事情的手段。

实际上，有序原则是时间管理的重要原则，正确地组织安排自己的活动，首先就意味着准确地计算和支配时间，虽然客观条件使得你一时难以做到，但只要你尽力坚持按计划利用好自己的时间，并就此进行分析总结并采取相应的改进措施，你就一定能赢得效率。

把职业当作事业来经营

有人问罗斯福总统的夫人："尊敬的夫人，你能给那些渴求成功特别是那些年轻的、刚刚走出校门的人一些建议吗？"

总统夫人谦虚地摇摇头，她说："不过，先生，你的提问倒令我想起我年轻时的一件事——

"那时，我在本宁顿学院念书，想边学习边找一份工作做，最好能在电讯业找份工作，这样我还可以修几个学分。我父亲便帮我联系，约好了去见他的一位朋友，当时任美国无线电公司董事长的萨尔洛夫将军。

"等我单独见到了萨尔洛夫将军时，他便直截了当地问我想找什么样的工作，具体是哪一个工种？我想，他手下的公司任何工种都让我喜欢，无所谓选不选了，便对他说，随便哪份工作！

"只见将军停下手中忙碌的工作，目光注视着我，严肃地说：'年轻人，世上没有一类工作叫随便。'将军的话让我面红耳赤，这句发人深省的话，伴随我的一生，让我以后非常努力地对待每一份新的工作。"

如果可以选择的话，没有人会选择平庸。但是，就在成千上万人做着同样的事情，重复着同样的故事时，有那么多的人走向了平庸。令他们平庸的是他们的工作吗？但为什么相同的工作，却有很多人用它谱出了生命中华彩的篇章？这是因为，有些人仅只为了工作而工作，他们的目标只是薪水，而一个在工作上有追求的人，却可以把"梦"做得更高些，虽然开始时是梦想，但他们对工作的追求，使得他们把梦想变成了现实。

在现实生活中，能够按照自己的爱好，想做什么就做什么的人很少。一个人大部分时间都在为生活而工作。因此，把职业当作事业来经营，是一个人获得成功的最好法宝。"你把今天的工作视为事业，在未来的三五年之后你就拥有自己的事业；你把今天的工作视为职业，在未来的三五年之后你依然只有一份职业。"人生能有几个三五年呢？

当把职业当事业来经营时，你会全力以赴，当把职业当职业来做时，你就只会应付，成功有赖于观念和态度的转变。

我们每一个人，身在职场，首先要认清自己，你所从事的职业，完全由

人生关键点拨

工作对你来说，意味着什么？如果你把工作看成是交易，员工出卖劳动力，企业购买劳动力，是赤裸裸的金钱交易，那么，这一过程是痛苦的。但是，换个角度，把工作看成是分享，企业为员工提供施展才能的平台，员工在企业中如鱼得水，大展拳脚，共同分享成功的喜悦，那么，这一过程是幸福的。

你自己的职业取向所决定。你的取向是把职业当生活的来源来对待，还是把职业当作自己一生的事业来对待，其结果将有天壤之别。

一个有着成功职业的员工，首先学会的就是摆正自己的位置，明确自己的职责，并在工作中持有这样的工作信条：

工作不代表你整个人，而你对工作的态度却决定你是怎样的一个人，快乐来自于内心的充实，而内心的充实来自于经营事业的快乐。工作激情来自于进取心而不是平常心，安心于平凡的岗位，但不甘于平平庸庸度过一生，把职业当事业。

如果你从事业的眼光看待职业工作的话，也会少一些怨言和颓废，多一些积极和努力，多一些合作和忍耐，从而不断拓宽自己的视野，多领悟一些道理，多掌握一些本领和技能。

一个人，要想步入成功的殿堂，最好的办法是要把自己的本职工作、自己该做的事做好，忠于职守，尽职尽责，认真地去做每一件事，用正确的方法做事。只有把职业当事业来经营，你才会选择主动，当你选择主动的时候，特别是选择满腔热情地工作的时候，从竞争中脱颖而出，从优秀到卓越，这将是人生中一次质的飞跃。

"三百六十行，行行出状元。"职业是生活的保证，事业才是人生的追求，只有以事业的态度做职业，工作才能干好，才能成为"状元"，我们的人生才能丰满。

有人把职业当成谋生糊口的手段，而一名优秀的员工绝对是属于把职业当事业来经营的人。

当我们找到事业的北斗星，拥有清晰的心理地图之后，接下来的工作就是在北斗星的指引下，循着地图的标示坚定不移地走下去。只要我们选择了一份工作，我们就要以事业之心做好它。或许你在工作之初有些不适应，但是喜欢不喜欢这份工作是一回事，应该不应该做好这份工作是另一回事，要想成就事业，就要从干好本职工作开始。

不要用想象给自己制造困难

许多困难，其实是人们凭空想象出来的。不自信的人，往往把困难想象得比实际的大，他们为自己心中想象出来的困难所吓倒，从而丧失了许多成功的机会，而具有积极心态的人，他们能正视困难，他们相信，只要去做，总是有成功的机会的。

多年前，一个世界探险队准备攀登马特峰的北峰，在此之前，从没有人到达过那里。新闻记者对这些来自世界各地的探险者进行了采访。

记者问其中一名探险者："你打算登上马特峰的北峰吗?"他回答说："我将尽力而为。"

记者问另一名探险者，得到的回答是："我会全力以赴。"

记者问第三个探险者，这个探险者直视着记者说："我没来这里之前，我就想象到自己能攀上马特峰的北峰，所以，我一定能够登上马特峰的北峰。"

结果，只有一个人登上了北峰，就是那个说自己能登上马特峰北峰的探险者。他想象自己能到达北峰，结果他的确做到了。

不要用想象给自己制造困难，因为困难在想象中变得越来越大，足以让你止步不前，再深究一步之所以我们害怕困难，实际上是潜意识中的面子情结，怕一旦做不好会在众人面前丢人出洋相。

有个名为琼斯的新闻记者，极为羞怯怕生，有一天上司叫他去访问大法官布兰代斯，琼斯大吃一惊，说道："我怎能要求单独访问他? 布兰代斯不认识我，他怎么肯接见我?"

在场的一个同事立刻拿起电话打到布兰代斯的办公室，和大法官的秘书通话。他说："我是明星报的琼斯（琼斯在旁大吃一惊），我奉命访问法官，不知道他今天能否接见我几分钟?"他听对方答话,然后说:"谢谢你,1点15分,我按时到。"他把电话放下，对琼斯说："你的约会安排好了。"

人生关键点拨

想象欢乐，收获快乐；想象困难，收获烦恼。一切皆有可能，关键在于你如何想象。

事隔多年，琼斯对这件事仍念念不忘，他说道："从那时起，我学会了单刀直入的办法，做来不易，却很有用。第一次克服了心中的畏怯，下次就比较容易一点。"

1864 年，美国南北战争结束后，一位叫马维尔的记者采访林肯。马维尔问道：据我所知，上两届总统都曾想过废除黑奴制，《解放黑奴宣言》也早在他们那个时期就已草就，可是他们都没拿起笔签署它。请问总统先生，他们是不是想把这一伟业留下来，给您去成就英名？

林肯回答道：可能有这意思吧。不过，如果他们知道拿起笔需要的仅仅是一点勇气，我想他们一定非常懊丧。

这段对话发生在林肯去帕特森的途中，马维尔还没来得及问下去，林肯的马车就出发了，因此，他一直都没弄明白林肯的这句话到底是什么意思。直到 1914 年，林肯去世 50 年后，马维尔才在林肯致朋友的一封信中找到答案。在信里，林肯谈到幼年的一段经历：

"我父亲在西雅图有一处农场，上面有许多石头。正因为如此，父亲才得以较低的价格买下它，有一天，母亲建议把上面的石头搬走。父亲说如果可以搬走的话，主人就不会卖给我们了，它们是一座座小山头，都与大山连着。

"有一年，父亲去城里买马，母亲带我们在农场劳动。母亲说，让我们把这些碍事的东西搬走，好吗？于是我们开始挖一块块石头，不长时间，就把它们弄走了，因为它们并不是父亲想象的山头，而是一块块孤零零的石块，只要往下挖一英尺，就可以把它们晃动。"

林肯在信的末尾说，有些事情一些人之所以不去做，只是他们认为不可能。有许多不可能，只存在于人的想象之中。

读到这封信的时候，马维尔已是 76 岁的老人了，就是在这一年，他正式下决心学外语。据说，1922 年，他在广州采访时，是以流利的汉语与孙中山对话的。

是的，"有许多不可能，只存在于人的想象之中"。可惜，能知道这个道理的人少之又少，大多数人，总是习惯于夸大困难，不愿去尝试和努力。

大处着眼，小处着手

古语有云，"千里之堤，溃于蚁穴"，魔鬼往往隐藏于细节之中。失败的最大祸根，就是养成了敷衍了事的习惯。而成功的最好方法，就是把任何事情都做得精益求精，尽善尽美，让自己经手的每一件事，都贴上卓越的标签。

阿基勃特是美国标准石油公司的一名小职员。他有个外号叫"每桶4美元"，这是因为他每次在旅馆住宿、书信或收据上签名时，总要在自己名字的下方认认真真写上"每桶4美元的标准石油"几个字。公司董事长洛克菲勒知道后说："竟有这样努力宣扬公司声誉的职员，我一定要见见他。"于是盛情邀请阿基勃特共进晚餐。多年以后洛克菲勒卸任，阿基勃特做了第二任董事长。

阿基勃特做的是一件人人都可以做到的小事，也许别人不做或不屑做，或根本就没想到要去做，唯有阿基勃特特别细心精明，发现这是一个做免费广告的办法，并且认认真真把这件小事坚持做下去了。他因此而得到了应得的回报。

经过一个世纪的努力，蒂芙尼公司在业内声名显赫。为了长期维护良好的声誉，他们对外保证出自公司的任何产品，如不满意，都可以无条件予以退货。为什么蒂芙尼公司能够享誉世界？靠的就是一丝不苟，靠的就是竭尽所能，靠的就是绝对地值得信赖。出自蒂芙尼公司的每一件产品都无可挑剔，并且绝对是同类产品中最好的。

人生关键点拨

大处着眼，小处着手，无论人生还是工作，都应如此。大处着眼是一种眼光与气度，小处着手是一种心态与方法。看得远，才能走得远；做得细，才能做得精。

对蒂芙尼公司而言，出自公司的每一件作品都至关重要，对你来说，出自你手的每一件作品，其重要程度更甚于此。

你也许并不经营商店，但你一定是在经营某种"商品"。什么是你的"商品"呢？经由你手中的每一道工序，每一个零件，每一份报告，每一个方案，都是你的"商品"。你向世界展示你的才能，你以此来服务于大众。你的"商品"应该具有你的性格特点，应该打上你个人的魅力商标，你不应该容忍在自己伟大的生命织锦中，存在低劣易断的丝线。你所做的一切都应该代表着优秀，代表着卓越。你应该让所有的人知道，你的作品不是漫不经心的潦草之作，而是完美的杰作——无论是你自己，还是别人，都不可能做到比这更出色的了。

也许你会觉得这些都是不起眼的小事，但在商业社会中，是否注重细节的完美就体现在这些小事上。因为我们每个人所做的工作，都是由一件件小事构成的。把每一件小事都做到极其完美的程度，必须付出你的所有热情和努力。

在工作中，我们不仅需要自动自发的精神，更需要苛求细节完美的精神，我们的产品不允许有任何的瑕疵，在任何时候我们都不能仅仅满足于还过得去，而要全力以赴地追求产品的完美无缺。

我们常说要追求卓越，其实卓越就是苛求细节的具体表现，卓越并非高不可攀，只要我们认真从自己做起，从日常的每一件小事做起，并把它做精做细，就可以达到卓越的境界。

生活中我们经常会发现，那些功成名就的人，在成功之前，早已默默无闻地努力工作过很长一段时间。成功是长期努力和积累的结果，更是苛求工作细节的最佳诠释。在实际工作中，不论你是老总还是普通员工，唯有把"每一件寻常的事做得不寻常的好"，苛求细节的尽善尽美，才是走向成功的最佳途径。如果凡事你都没有苛求完美的积极心态，那么你永远无法到达成功的顶峰。

及早拧紧松动的关键一环

动物园里新来了一只袋鼠，管理员将它关在一片有着 1 米高围栏的草地上。第二天一早，管理员发现袋鼠在围栏外的树丛里蹦蹦跳跳，立刻将围栏的高度加到 2 米，把袋鼠关了进去。第三天早上，管理员还是看到袋鼠在栏外，于是又将围栏的高度加到 3 米，又把袋鼠关了进去。

隔壁兽栏的长颈鹿问袋鼠："依你看，这围栏到底要加到多高，才能关得住你？"

袋鼠回答道："很难说，也许 5 米高，也许 10 米，甚至可能加到 100 米高，如果那个管理员老是忘了把围栏的门锁上的话。"

其实很多人都是这样，只知道有问题，却不能抓住问题的核心和关键。

一些从未成功过的朋友，也一直都喜欢问同样的问题。故事中袋鼠的回答应是最好的答案：如果不将栅门锁好，围栏加得再高也是枉然。

每一个人现在所处的境况，正是自己所抱的想法造成的。所以，如想改变未来的生活，使之更加顺利，必得先改变此时的想法。坚持错误的观念，即使再努力，恐怕也体会不到成功带来的喜悦。

人生关键点拨

都说"关键时候掉链子"，很多人却是链子一直松动着，等需要的时候才悔之不及。要及早拧紧松动的关键一环，不然只能在紧要关头捶胸顿足。

美国一家球星经纪公司有位女业务代表，是有名的工作狂。她极具慧眼，凡是被她盯上的篮球新人，日后几乎都能成名。有一段时间，她盯上了德国篮球新秀迪文·乔治。从此，只要有乔治出现的地方，她一定会出现。

她不仅要跟随乔治满世界飞来飞去，还要照顾他的日常生活。她要让乔治感觉到，她很关心他，这样才有可能成为乔治的经纪人。

有一次，就在她刚刚忙完了乔治的一场篮球训练赛，又得知巴黎有一场公开赛邀请了乔治。这时，本已极度疲劳的她还想跟过去为乔治捧场。主管担心她会因过度疲劳而耽误大事，建议让其他人代劳。结果她极力劝说主管让她去，因为她还从没失手过。终于，她准时飞到了巴黎，并顺利见到了乔治。

当天晚上，在一个为选手和记者们准备的宴会上，她像一位女主人一样照顾着乔治，并为他介绍来自世界各地的来宾。当篮球名将约翰逊出现在他们面前时，她热情地准备为乔治作介绍，因为她跟约翰逊是老熟人，而约翰逊又是乔治的偶像。就在她很有礼貌地说："这位就是美国篮球名将约翰逊，这位是……"她支吾了半天，居然将乔治的名字给忘记了！

后来，乔治果然成了篮球名将，可是却与她和她的公司没有任何联系。

因此，必须及早拧紧松动的关键一环，不然当你发现时，成功已经离你远去。

许多人在平时就会发现自己的身上缺乏一种东西，或是能力，或是品质，或是态度，或是方法。知道缺乏的是对于今后人生举足轻重的东西，但却一直拖延着不去完善，找出各种借口让这关键的一环一直轻松着。等到有一天，箭在弦上不得不发，却发现已没了准星。

第十一章

财富——
金钱从来没有错，
错的是对它的态度

财富的含义不只是金钱那么简单。金钱本身没有错误，错的往往是人们对于金钱的态度，掌控财富，让自己的人生不再贫乏。在财富面前进行智慧的博　，用你的头脑和你的心来换取富贵的人生，活得富足，活得快乐，活得充实！

不要让你的人生贫乏

假如我们能改变自己关于经济状况的想法的话，那么其他方面的变化也会随之出现。所以，我们应该去选择有意义的、健康的财富思维。

通过正确使用选择这种伟大的力量，你肯定能让自己的财富状况发生变化。许多人都没有正确地使用这种力量，从而导致他们成为自己最不愿面对的那种东西的奴隶。

曾经有个青年人，他生活艰难得如同在苦海中挣扎。有很长一段时间，他都没有工作，最后，他找到一份一点都不让人值得骄傲的工作。这个青年人已经结婚并有了一个孩子，但他只能昧着良心说："我不想挣大钱。"每一天，他都尽量节省几个钱存起来，以便他的孩子长大后可以去读书。他放弃去繁华市中心而选择看街道放映的露天电影，因为这样他能节省 2 角 5 分钱；他从不去好一点的饭店吃饭，因为那里的花费比较贵；他买东西时，只选择省钱的那种；他也不能带家人外出度假，因为他没有钱。但他还是昧着良心说："我不想挣大钱。"

由此观之，对数以万计的人深陷在贫困之中，你还会感到奇怪吗？他们选择让自己继续在贫困中生活，但却没有意识到这一点。他们没有意识到选择的巨大力量。从来没有人会因为生活节俭而被别人指责。很多人只能精打细算地过日子，否则他们的生活就没法过下去。这些人完全可以选择这种巨大的力量，他们本可以用生活中那些美好的东西来充实自己的大脑。

但是，我们每天都会听到有人在抱怨："我很想买那件东西，但我没有钱。""我没有钱"这可能是事实，但不能这么说，假如你继续说"我没有钱"，那么，"没有钱"将会伴你一辈子。选择一种上进的思想，例如，"我得买下它，我要拥有它"。当要买下它、拥有它的思想出现在你的脑海时，你就逐步地建立了期待的想法，于是你的生活就出现了希望。千万不要毁灭自己的希望。假如你毁灭了它，你就会将自己带进一种无聊、困惑、失望的生活中去。

杰姆是一位十分能干的年轻人，任何事他都做得很成功，但他却不能挣到一点儿钱。人们都不明白这到底是怎么回事：杰姆很有上进心，长相也不错，很讨人喜欢，无奈他一年又一年的奋斗都是徒劳的。在金钱方面，他没有收获。

人生关键点拨

不让你的人生贫乏，首先你必须选择积极的思维方式，如果你一直将自己置于贫穷的境地，不思进取，那么你永远无法让自己的人生富足。

后来，杰姆请求一位智者为他指出问题的所在。他对智者说："我能做好任何事情，除了挣钱之外。"智者为他指点了迷津，当他明白出现在自己身上的问题其实很简单，只不过是自己对关于赚钱的思维选择不对的时候，一切都改变了。他再也不说："我能做好任何事情，除了挣钱。"他开始说："我能做好任何事情，包括挣钱。"以后的几年里，年轻人的财务状况发生了明显的改变，他开始赚到钱，他逐渐在财务上让人刮目相看。现在，人们都认为他已经是个富翁了。

这个年轻人本来很有可能终生面临一个困惑，即能做好任何事情却赚不到钱。但他一旦明白这一切都是因为自己选择了错误的想法后，他立即积极地改变了这种想法，于是，他的财务状况也随之发生了变化，开始朝好的方向发展。选择的力量能够给人带来更好、更有效的赚钱方式。

解读财富

有钱人认为财富与金钱之间有一定的区别，一个人最重要的首先是在他的人格上能够建立起巨大的财富，有了这个资本，才能够建立金钱的财富。人们应该体会到财富的心理根源，而不是只看到纸币。其实，金钱并不能使人真正的富有，一个人要想拥有真正的财富，必须要有内在的支撑金钱的东西。

其实，知识是唯一的永远也夺不走的财富。在这个世界上，什么都是不重要的，世俗的权威不重要，金钱不重要，只有知识才是最重要的。权威失去了人们的拥戴和支持就不能形成，金钱也会随着时间发生变化，而知识是你生存和发展的可靠的保证。因此，唯一可以带走的是知识，是毫不夸张的。

在犹太人中，母亲常常会问她们的孩子："假如有一天，你的房子被火烧了，你的财产也被抢光了，你会带着什么逃跑呢？"

如果孩子们回答是"钱"或者是"钻石"的话，他们的母亲就会进一步地问："有没有一种东西比钻石更重要，它没有形状、没有颜色、没有气味，你们知道是什么东西吗？"

孩子回答不上来，母亲就会说："孩子，你们带走的东西，不应该是钱，不应该是钻石,而应该是知识。因为知识是任何人也抢不走的,只要你还活着，知识就永远跟着你，无论你逃到什么地方都不会失去它。"

不可否认，现在的人们靠其高素质的文化，在择业和创收方面胜人一筹，在经商中巧用谋略更是体现了知识与财富的关系。以美国为例，据统计，一个高中毕业生一辈子靠打工收入，比一个同样工种的初中毕业生多挣 10 万美元；一个大学毕业生又要比一个高中毕业一辈子多挣 20 万美元。而在美国总人口中，高中毕业只占 35%，大学毕业占 17%。这个文化水平的群体差异，使在美国的大学毕业生的收入就比美国全国平均收入高不少。

真正拥有财富的人把知识视为财富，认为"知识可以不被抢夺且可以随身带走，知识就是力量"，所以他们十分重视教育。

有统计结果表明：最近 10 多年来的工业新技术，有 30% 已与时代要求不相适应了。电子产品的寿命周期也越来越短。当今世界的经济和科技的发展趋向全球化，知识型经济成为争夺相对经济优势的主要手段。在这样多变的世界里，任何故步自封、因循守旧、缺乏远见和不求上进的人，命运中将注定失败。许多人深明大义，不但自己学习努力、自觉接受新的知识，对后代的培养更为倾心，为培养他们成为文化素质较高的人才不遗余力。正确的财富观念，应该是只把金钱看作财富的一方面，而不是财富的全部。

贫穷到底意味着什么

穷人的穷不仅仅是因为他们没有钱，而是他们根本就缺乏一个赚钱的头脑。有钱人的富有不仅仅是因为他们现在手里拥有大量的财富，而是他们从根本上就有一个赚取财富的头脑。

一个人所具有的思维和感觉决定了他将来能否拥有财富。富有的思维创造财富，而贫穷的思维造成真正的贫穷。

人太穷了，就会整天为生存而奔忙和劳碌。他的头脑里没有了产生财富的渴望，也就失去了成为有钱人的条件。一旦一个人对财富产生了强烈的渴望，并具备了有钱人的思维方式，就能迅速地改变他的财务状况。

美国巨富比尔萨尔诺夫小时候生活在纽约的贫民窟里。他有 6 个兄弟姐妹，全家只依靠父亲做一个小职员所得的微薄收入过活，生活极为拮据，他们只有把钱省了又省，才可以勉强地度日。到了他 15 岁那年，他的父亲把他叫到身边，对他说："我攒了一辈子也没有给你们攒下什么，我希望你能去经商，这样我们才有希望改变我们贫穷的命运。"

比尔听了父亲的忠告，于是去从事经商。3 年之后，他就改变了全家的贫穷状况。5 年之后，他们全家搬离了贫民区。7 年之后，他们竟然在寸土寸金的纽约买下了一套房子。

比尔的家庭世代都在经商。因为他们知道只有经商才能赚取很多的利润，才能彻底地改变自己贫穷的命运。

在金钱法则中：钱是靠赚出来的，而不是靠克扣自己攒下来的。有钱人不赞成过分地节俭。在他们看来，钱是靠赚的，而不是靠攒的，过分地节俭、克扣自己是成不了有钱人的，那只会使自己在精神上越来越穷！

商人有白手起家的传统，现在世界上许多财富大亨，其发迹时间也不过两三代人。但商人没有靠攒小钱积累的传统，而且，他们没有禁欲主义的束缚，中国厨师、美国工资、英国房子、日本妻子是他们理想生活的四大目标。再加上商人的投资大多集中于金融业等回收较快的项目上，他们崇尚的是"钱生钱"，而不是"人省钱"，他们热衷的是冒险而不是勤俭持家。

当一个人接受了人生给他的剧本角色——穷人或有钱人之后，他们总是要找出一些逻辑关系来使自己表现得更加自然：因为我生在这个贫困的家庭里，所以我是穷人，这是应该的。或者说我生在这个富裕之家，因此我的命运是注定的。殊不知，正是这一错误的逻辑推论，使他一辈子无法超越自己，战胜自己。人生的每一个角色从来不是固定的，穷人可以变富，有钱人也可以变穷，是玫瑰总会开放，是金子总会闪光，只要你肯努力，你一定能改变你的人生。

这个世界有两个转动不息的轮子。今天的有钱人明天就可能不是有钱人了，今天的穷人明天就未必是穷人了。

由此可见，贫穷与富有并非上天注定，不可改变，二者之间可以自由转化，转化的时机全在当事人的选择。

要想富有，就必须学习有钱人。只有先去学习，你才会得到他们富有的经验。

有一个百万富翁和一个穷人在一起。那个穷人见有钱人生活那么舒适和惬意，于是穷人对有钱人说："我愿意在您的家里给您干活 3 年，我不要一分钱，只要你让我吃饱饭，并且有地方让我睡觉。"有钱人觉得这真是少有的好事，立即答应了这个穷人的请求。3 年后，服务期满，穷人离开了有钱人的家。

又过去了 10 年，昔日的那个穷人已经变得非常富有了，而以前的那个有钱人相比之下，就显得很寒酸。于是有钱人向昔日的穷人请求：愿意出 10 万元钱买他富有的经验。昔日的那个穷人听了哈哈大笑："过去我是用从你那学到的经验赚取了金钱，而今你又用金钱买我的经验呀。"

原来那个穷人用了 3 年时间学到了有钱人的经验，于是他获取了很多财富，变得比那个有钱人还富有。那个有钱人也明白了这个穷人比他富有的原因是因为穷人的经验已经比他多了。为了自己拥有更多的财富，他只好掏钱购买原来那个穷人的经验。

于是，原来那个穷人教导人们："要想变得富有，你必须向有钱人学习，在有钱人堆里即使站上一会儿，也会闻到有钱人的气息。"

世界上大多数人是穷的，但穷可以改变，要想改变穷的状况，需要了解有钱人与穷人之间的区别。穷人和有钱人不是简单的钱和资产的悬殊，而是观念、思维方式和性格上的不同。穷人思想封闭、害怕风险、比较感性。有钱人思想开放、勇敢而理性。人人都想赚钱，但赚钱方式不同。穷人的钱放在银行里，而有钱人的钱放在投资和保险公司的账户上。穷人的钱在为政府和有钱人工作，有钱人则利用自己的钱和穷人放在银行里的钱为自己工作。穷人不能责怪有钱人，因为穷人自愿把钱放在银行里，而银行需要把钱借给会赚钱的有钱人以赢利。当你把钱存在银行，活期利率每年 1.25% 左右，而每年的通货膨胀 3.5% 左右，实际回报是 −2.25%，并且银行的利息收入是 100% 需要交税的。扣税后再加上通货膨胀，实际回报是负数或接近零。银行和政府永远是穷人的赢家。所以，有钱人买银行股票比穷人把钱存在银行要强得多。

物以类聚，人以群分。有钱人永远属于有钱人的群体，穷人则常常脱离不了穷人的圈子。

某些人有时却能够越过有钱人和穷人之间的巨大障碍，他们从外表上看去更像穷人，但却一副有钱人做派，即使排在有钱人之尾也在所不辞。

有时候，位列有钱人之尾比起做穷人之首可能更不像有钱人。但他们仍宁愿挤入有钱人之列，因为这样他们就能以有钱人的方式思考问题，而排在穷人之首则永远无法摆脱穷人的思维方式。

人生关键点拨

要改变贫穷的状态，先要改变自己贫穷的思维方式，像有钱人一样思考。

富有与什么有关

曾有则笑话，谈的是智慧与财富的关系。

两个人在交谈：

"智慧与金钱，哪一样更重要？"

"当然是智慧更重要。"

"既然如此，有智慧的人为何要为有钱人做事呢？而有钱人却不为有智慧的人做事？大家都看到，学者、哲学家老是在讨好有钱人，而有钱人却对有智慧的人摆出狂态。"

"这很简单。有智慧的人知道金钱的价值，而有钱人却不知道智慧的重要。"

这则笑话实际上也就是"智者说智"。

他们的说法不能说没有道理，知道金钱的价值，才会去为有钱人做事，而不知道智慧的价值，才会在智者面前露出狂态。笑话明显的调侃意味就体现在这个内在修养之上。

有智慧的人既然知道金钱的价值，为何不能运用自己的智慧去获得金钱呢？知道金钱的价值，但却只会靠为有钱人效力而获得一点带"嗟来之食"味道的酬劳，这样的智慧怎能称得上真正的智慧呢？

所以，学者、哲学家的智慧或许也可以称作智慧，但不是真正的智慧。在金钱的狂态面前俯首帖耳的智慧，是不可能比金钱重要的。

这样一来，有人会说，金钱岂不成了智慧的尺度，变得比智慧更为重要了。其实，两者并不矛盾：活的钱即能不断生利的钱，比死的智慧即不能生钱的智慧重要；但活的智慧即能够生钱的智慧，则比死的钱即单纯的财富——不能生钱的钱重要。那么，活的智慧与活的钱相比哪一样重要呢？我们都只能得出一个回答：智慧只有化入金钱之中，才是活的智慧。钱只有化入了智慧之后，才是活的钱。活的智慧和活的钱难分伯仲，因为它们本来就是一回事。它们同样都是智慧与钱的圆满结合。

智慧与金钱的同在与统一，使商人成为最有智慧的商人，使商人的生意经成了智慧的生意经！

人生关键点拨

富有和什么有关？野心？天赋？机遇？与富有有关的因素有很多，但最重要的是智慧。

真正有智慧的有钱人，懂得金钱的价值，懂得如何用自己的知识来获取金钱，用自己的知识来创造现实社会的财富。

真正用智慧创造财富的人对待那些整天只知道学习的人的看法是："这些人过度钻研学问，以至于无暇了解真相。"他们甚至这样看待死读书的人："学者中也有类似驴马之人，他们只会搬运书本。学者中有人被喻为载运昂贵丝绸的骆驼，但骆驼与昂贵的丝绸是毫不相干的。"这样说来，他们只是书籍的搬运工而已，根本算不上是有知识的人。真正有知识的人就应该把自己所学的知识和实践联系起来，在实际的生活中，创造出新的价值。

财富不光是钱，也不光是财产。财富是智慧，财富是力量，财富是智慧和魄力的结晶，财富是物质和精神的统一。

有些人的财富装在脑袋里，有些人的财富装在口袋里，财富装在脑袋里的人才是真正的富翁。财富的源头是智慧。有智慧的人，赤手空拳也可以创造财富。许多人拥有智慧，但是他们的智慧都没有用来创造价值，所以他们始终是十分贫困的。有钱人认为，应该运用知识来获得智慧，而且应该学习那些真正的智慧，可以赚钱的智慧。

一次，美国福特汽车公司的一台大型电机发生故障，公司的技术人员都束手无策。于是公司请来德国电机专家斯坦门茨，他经过检查分析，用粉笔在电机上画了一条线，并说："在画线处把线圈减去 16 圈。"公司照此维修，电机果然恢复了正常。在谈到报酬时，斯坦门茨索价 1 万美元。一条线竟然价值 1 万美元！很多人表示不解。斯坦门茨则不以为然："画一条线只值 1 美元，然而，知道在哪里画线值 9999 美元。"

这就是知识的价值。

有智慧的有钱人敢于为自己的知识喊价，这也是他们善于把知识转化为金钱的聪明之处。

没有免费的午餐

人们总要问，是否真的有"幸运"这东西。太多人的答案是肯定的。可事实上并非如此。

从前，有一位爱民如子的国王，在他的英明领导下，国民丰衣足食，安居乐业。深谋远虑的国王却担心当他死后，不知子民是否也能过着幸福的日子，于是他召集了国内的有识之士，命令他们找一个能确保人民生活幸福的永世法则。

3个月后，这班学者把3本20厘米厚的帛书呈上给国王说："国王陛下，天下的知识都汇集在这3本书内。只要人民读完它，就能确保他们的生活无忧了。"国王不以为然，因为他认为人民都不会花那么多时间来看书。所以他再命令这班学者继续钻研，2个月内，学者们把3本简化成1本，国王还是不满意。再1个月后，学者们把一张纸呈上给国王，国王看后非常满意地说："很好，只要我的国民日后都真正奉行这宝贵的智慧，我相信他们一定能过上富裕幸福的生活。"说完后便重重地奖赏了这班学者。

原来这张纸上只写了一句话：天下没有免费的午餐。

天上不会掉馅饼，如果真的掉了下来，你也要细心看看四周，通常不远处就会有陷阱。很多人相信"奇迹"，相信"幸运"，相信"机遇"，其实是内心的惰性与贪婪在一起作怪。的确，万事皆有可能，但偶然之中一定会有必然的原因。

与其一味等待着免费的午餐，不如在"幸运"眷顾你时，牢牢将其抓住。

世界上的事情就是这样，有的人越是相信机遇，期待好运，可幸运就是不肯出现在他面前；有的人不相信运气，也不去等待运气，而是坚定地靠自己去努力，运气倒悄悄地降临到他的头上。

如果你总认为自己是个运气不好的人，即使运气来了，未必你就能抓住它。

台湾地区塑胶大王王永庆是个相信运气的人。他最初经营的是一家米店，靠着辛勤的劳动与服务，有了一定的固定客户后，他就买了一些碾米设备，由米店扩大为碾米厂。后来由于实施配给制度，他只得关闭了米店和碾米厂，这时他有了一些积蓄。他又开了一家砖厂，经营一段时间后，又因故关闭了。

这些经营的经历都没给他带来一桶金。

王永庆的真正发迹是把握台湾建设的机遇，办起了当时独一无二的木材市场。加之他从小生长在林区，对各种木材了如指掌。虽说是初次经营木材生意，但生意的方方面面都能考虑到。1946年以后，国民党在大陆战场上节节失利，致使政局不稳，台湾地区的经济也受到强烈的冲击，许多工厂倒闭，工人大量失业，尽管这样，王永庆的木材生意却仍在发展。到20世纪50年代初期，他已是富甲一方的大木材商了，此时，他已拥有总量达5000万元的资产，早已挖得几大桶黄金了。

有一次，有人在公开场合问王永庆，他的成功是否因为运气特别好吗？

王永庆回答说："是的，我的运气不错。一般而言，不论成功也好，失败也好，我们都把它归诸运气。失败的人，不要灰心，是运气不好；成功的人，应该有谦逊之心，因为成功是众人协助和良好环境造成的，不要把自己估计得太高。不过，以前的成功和失败可以说是运气的关系，以后可就不能这么说了。失败的人，说是运气不好，再等下去，而不努力奋发，改善管理的话，运气是不会来的；成功的人认为运气好，就不去努力奋发，做好管理的话，他的运气就要坏了。"

他又说："关于运气，我想这是不可否认的。有的人运气差，会遭遇到意料之外的不幸，也有的人运气好，遇到贵人在重要的关头拉他一把，这些都是运气的关系。人的一生当中，也常会遭遇到运气的影响，可是我们无法制造好的运气或排除不好的运气。因此，我认为要紧的还是自己的实力。对于一个不断自我培养实力的人来讲，当运气来临时，他就会有足够的智慧充分加以运用，使这个好运气与自己的发展产生最大的利益，当不好的运气降临到身上，他也能够加以妥善地应付，使损害降至最低的程度。"

人生关键点拨

如果说，一个人只知顺从天命，躺着等待幸运之神，那么机遇就会从他的眼前飞过，他注定只能是碌碌无为。如果说，一个人只凭天资而不知勤奋，那么即使是凭着小聪明能干几件事，但终究也只是昙花一现，成不了大器。靠着亲友的帮助和提携而飞黄腾达的不乏其人，但是坐享其成，得来的所谓成功，其实更多的是别人的恩赐，得到的是幸运而不是幸福。

他还说:"在以前,我失败、无聊、失志的时候,我就把它当作命运在捉弄来安慰自己。不过我总觉得把志气拿出来,我想一个人不会永远没有机遇的,只怕机遇来了又抓不住它,只要你抓得住,事业的成功也就随之而来了。"

王永庆的故事让我们明白,成功固然有运气的成分,然而最重要的还是能吃苦、努力奋发、有志气、抓住机遇,否则的话,好运气也会变成坏运气的。

错的不是金钱,而是态度

有人将金钱视为罪恶的源泉,其实,钱并没有错,错的仅仅是人们对于金钱的态度。在这方面,我们应该向犹太人学习。

对于金钱,犹太人既没有敬之如神,又没有恶之如鬼,更没有既想要钱又羞于碰钱的尴尬心理。对于犹太人来说钱干干净净、平平常常。赚钱大大方方、堂堂正正。

一位无神论者来看犹太人中的神职人员拉比。

"您好!拉比。"无神论者说。

"您好!"拉比回礼。

无神论者拿出一个金币给他。拉比二话没说装进了口袋里。

"毫无疑问你想让我帮你做一些事情,"他说,"也许你的妻子不孕,你想让我帮她祈祷。"

"不是,拉比,我还没结婚。"无神论者回答。

于是他又给了拉比一个金币。拉比也二话没说又装进了口袋。"但是你一定有些事情想问我,"他说,"也许你犯下了罪行,希望上帝能开脱你。"

"不是,拉比,我没有犯过任何罪行。"无神论者回答。

他又一次给拉比一个金币,拉比二话没说又一次装进了口袋。

"也许你的生意不好,希望我为你祈福?"拉比期待地问。

"不是,拉比,我今年是个丰收年。"无神论者回答。

他又给了拉比一个金币。

"那你到底想让我干什么?"拉比迷惑地问。

"什么都不干!"无神论者回答，"我只是想看看一个人什么都不干，光拿钱能撑多长时间!"

"钱就是钱，不是别的。"拉比回答说，"我拿着钱就像拿着一张纸、一块石头一样。"

由于对钱保持一种平常心，甚至把它视为一块石头、一张纸，犹太人才不会把它视若鬼神，也不把它分为干净或肮脏。在他们心中钱就是钱，一件平常的物品。因此他们孜孜以求地去获取它，当失去它的时候，也不痛不欲生。正是这种平常之心，犹太人在惊涛骇浪的商海中驰骋自如，临乱不慌，取得了稳操胜券的效果。

视钱为平常物，是犹太人经商智慧之一。

犹太人认为赚钱天经地义，是最自然不过的事。如果能赚到的钱不赚，那简直就是对钱犯了罪，要遭上帝惩罚。

犹太人中间流传着这样一个笑话：

一个拉比、一个神父、一个牧师，坐在同一辆火车上。他们在一起谈论着各自的教徒和天命。

牧师说，他总是在办公室的地板上画个小圈，然后把募捐盘里的钱币拿出来抛向空中。"恰好落在小圈里的是给上帝的，剩下的是给我的。"神父说他也是这样做的。拉比说："我所做的与你们略有不同——我把钱扔向空中，上帝能接到多少就拿多少——剩下的就是给我自己的。"

从犹太谚语中，我们不难看出犹太人对于金钱的特殊情感。

"有钱未必美满幸福，没钱却是百事悲哀。"

"金钱既非诅咒亦非罪恶，而是造福人类的东西。"

"金钱虽是缺乏慈悲的主人，但却能成为有用的仆役。"

"金钱提供机会。"

"金钱对人而言，无非就像衣服于人一般。"

犹太人爱钱，但从来不隐瞒自己爱钱的天性。所以世人在指责其嗜钱如命、贪婪成性的同时，又深深折服于犹太人在钱面前的

人生关键点拨

君子爱财，取之有道。钱只是一件普通物品，以一颗平常心对待金钱，便不会让贪欲蒙蔽你的眼睛和心灵。

坦荡无邪。只要认为是可行的赚钱方法，犹太人就一定要赚，赚钱天然合理，赚到钱才算真聪明。这就是犹太人的经商智慧的高超之处。

以理性经营财富

古语道：君子爱财，取之有道，散之有方。其中暗含了投资理性和消费理性之意，也道出了理性地对待财富之理。

如果你问人们他们最终的理财目标是什么，很多人会回答："我想做有钱人。"然而，大部分的人都不知道什么才是真正的富有，或是如何去达到它。"有钱"对他们来说只是一个很模糊的梦境。

很多人认为，只要有大笔的钱进账就能达到富有，其实未必尽然。很多年薪 8 ~ 10 万元甚至更多的高级白领，生活过得跟薪资水平仅及其 1/3 的人一样。银行里没有多少存款，消费上常常出现赤字，买房的计划也是遥遥无期。

一般人之所以能够舒服地退休，在于他们事先计划和透过一些隐形的资产来累积财富。一份高的薪水提供了人们累积财富的机会，但不会自动地让人富有。如果你一年赚 8 万元花 10 万元，反而会破产。但如果你赚 8 万元，投资 8000 元于金融产品（如银行存款、保险、证券）上，持续几十年，则将会积累起巨额资产。这才是财富！才会给你一个稳健、积极的人生！

让我们学学下面这位精明的商人吧。

一位举止高贵的人走进一家银行。"请问先生，您有什么事情需要我们效劳吗？"贷款部营业员一边小心地询问，一边打量着来人的穿着：名贵的西服、高档的皮鞋、昂贵的手表，还有镶宝石的领带夹子……

"我是一位商人，我想借点钱。""完全可以，您想借多少呢？""1 美元。""只借 1 美元？"贷款部的营业员惊愕地张大了嘴巴。"我只需要 1 美元。可以吗？"贷款部营业员的心头立刻高速运转起来，这人穿戴如此阔气，为什么只借 1 美元？他是在试探我们的工作质量和服务效率吧？便装出高兴的样子说："当然，只要有担保，无论借多少，我们都可以照办。"

"好吧。"商人从豪华的皮包里取出一大堆股票、债券等放在柜台上，"这些作担保可以吗?"

营业员清点了一下，"先生，总共 50 万美元，作担保足够了，不过先生，您真的只借 1 美元吗?"

"是的，我只需要 1 美元。有问题吗?"

"好吧，请办理手续，年息为 6%，只要您付 6%的利息，且在 1 年后归还贷款，我们就把这些作担保的股票和证券还给您……"

富豪办完手续即将离开，一直在一边旁观的银行经理怎么也弄不明白，一个拥有 50 万美元的人，怎么会跑到银行来借 1 美元呢?

人生关键点拨

理性经营你的每一分钱，在财富不断累积的过程中感受幸福，理性投资，有时收获的不只是金钱，还有人生的富足与内心的充实。

他追了上去："先生，对不起，能问您一个问题吗?"

"当然可以。"

"我是这家银行的经理，我实在弄不懂，您拥有 50 万美元的家当，为什么只借 1 美元呢?"

"好吧! 我不妨把实情告诉你。我来这里办一件事，随身携带这些票券很不方便，便问过几家金库，要租他们的保险箱，但租金都很昂贵。所以我就到贵行将这些东西以担保的形式寄存了，由你们替我保管，况且利息很低，存一年才不过 6 美分……"

理性经营财富还应避免一个误区，即认为财富是身份地位的炫耀，例如拥有一栋大房子，或每年做长达 3 个星期的旅游等。拥有一些"东西"并不全然代表这人是富有的，事实上，这些东西还会拖累资产的累积。如果你收入中的相当部分是用来支付高额的住房贷款，或者是偿还先前累积的债务，那就不可能有什么钱省下来投资，资产的累积也会极其缓慢。

可能有人会说，像这般达到富有的人没有什么乐趣。其实他们大部分人在这个理财的过程中都是不乏乐趣的。他们的乐趣来自于他们累积的资产，并且成为他们的理财目标之一。因此，要做有钱人，必须有积极的投资态度，进行认真的规划，要把它当成你赖以谋生的第一职业之外的第二职业去做。无论你有多忙，都不应成为你没有时间去积极投资的借口，因为现代科技的发展已能做到让你随时随地投资。

从小开始财商教育

美国，有一些家庭从小就注重孩子财商的教育，在这些父母眼中，财商与智商、情商一样重要。

在这些家庭中小孩 3 岁的时候，父母就开始教他们辨认硬币和纸币；4 岁的时候学会由家长陪伴，用钱购买简单的用品；5 岁的时候，让他们知道钱币可以购买任何他们想要的东西，并且告诉他们钱是怎样来的；6 岁的时候，能数较大数目的钱，学用储钱工具，培养自己的钱意识；7 岁的时候能看懂价格的标签，以培养他们"钱能换物"理财观念；8 岁的时候，知道他可以通过做额外的工作赚钱，知道把钱储存在银行的储蓄账户里；10 岁时候，懂得每周节俭一点钱，以备大笔开支使用；11 ~ 12 岁的时候知道从电视广告里发现事实，制定并执行两周以上的开销计划，懂得正确使用银行业务的术语。

一位著名商人曾这样述说他如何对小孩灌输金钱教育，他说："我给约翰他们姐弟的零用钱不是固定的，是依他们做事的种类及多寡而定。例如我和他们约好，早晨起床后帮忙割院子里的草给 10 元，去买一份报纸给 2 元，帮忙弄早餐给 3 元等。我对他们不分年龄大小，一律采取同工同酬制度。"在这些父母看来，金钱并非铜臭，也不会玷污童稚之心。相反，让孩子早早接触金钱，对其财商的培养是不无裨益的。

父母应该让孩子们知道天上不会掉下免费的馅饼，世间没有不劳而获的成功。只有勤劳的，不断争取的人才会获得自己所需要的财富！小孩子的思维就像一张空白的纸，你最先给他画上什么样的底色，不管以后上面画些什么具体的东西，他永远和最初的色彩有关联。同样小孩子最先接受的教育也会影响他后来的生活。

著名的石油大王洛克菲勒从小就接受了财富的教育。他的父亲从他四五岁的时候就让他帮助妈妈提水、拿咖啡杯，然后给他一些零花钱。他们还把各种劳动都标上了价格：打扫 10 平方米的室内卫生可以得到半美分，打扫 10 平方米的室外卫生可以得到 1 美分，给父母做早餐得到 12 美分。他们再大点的时候，告诉他如果想花钱，就自己挣！

人生关键点拨

财商教育不是对金钱膜拜。让孩子从小对金钱有一个客观的认识，不但有利于日后正确的财富观念的形成，而且能让孩子敏锐地发现致富的机遇。

于是他到了父亲的农场帮父亲干活，帮父亲挤一头奶牛，跑运输，包括拿牛奶桶，都算好账。他把自己给父亲干的活都记录在自己的记账本上，到了一定的时候，就和父亲结算。每到这个时候，父子两个就对账本上的每一个工作任务开始讨价还价，他们经常会为一项细微的工作而争吵。

洛克菲勒6岁的时候，他看到有一只火鸡在不停地走动，也没有人来找。于是他捉住了那只火鸡，把它卖给了附近的邻居。他的母亲是一位虔诚的教徒，认为这样是亵渎了神灵，而他父亲认为他有做商人的独特本领，而对他大加赞赏。

有了这次的经商经历，洛克菲勒的胆子大了起来，不久他就把从父亲那里赚来的50美元贷给了附近的农民，他们说好利息和归还的日期之后，到了时间他就毫不含糊地收回53.75美元的本息。这令当地的农民觉得不可思议：这样的一个小孩居然有这么好的商业意识。

到了洛克菲勒成名之后，他也把这套办法交给他的子女。

在他的家里，他搞了一套完整的虚拟的市场经济。洛克菲勒让自己的妻子做"总经理"，而让自己的孩子们做家务，由自己的妻子根据每个孩子做家务的情况，给他们零花钱，他的整个家似乎就是一个公司。

这些都培养了孩子们早期的赚钱本领。要想拥有金钱，不但要学会赚钱，同时还要学会理财和节俭，学会"开源"和"节流"两套本领。

洛克菲勒还让他的孩子们学着记账，他要求他的孩子在每天睡觉的时候必须记下每一天的每一笔开销，无论是买小汽车还是买铅笔，都要如实地一一记录。而且洛克菲勒每天晚上都要查看孩子们的记录，无论孩子们买什么，他都要询问为什么要这些东西，让孩子们作一个合理的解释。如果孩子们的记录清楚、真实，而且解释得有理由，洛克菲勒觉得很满意，那他就会奖赏孩子们5美分。如果他觉得不好就警告他们，如果再这样就从下次的劳动报酬中扣除5美分。洛克菲勒的这种询问孩子的花销，但是绝对不干涉的政策，让孩子们很高兴，他们都争着把自己记录整齐的账本给他们的父亲看。

要想成为富有的人，最早的人生财富教育是不可缺少的，要让孩子从小懂得做金钱的主人。

一分一厘，点点成金

两个年轻人一同寻找工作，一个是英国人，一个是犹太人。

一枚硬币躺在地上，英国青年看也不看地走了过去。犹太青年却激动地将它捡起来。英国青年对犹太青年的举动露出鄙夷之色：一枚硬币也捡，真没出息！犹太青年望着远去的英国青年心生感慨：让钱白白地从身边溜走，真没出息！

两个人同时走进一家公司。公司很小，工作很累，工资也低，英国青年不屑一顾地走了，而犹太青年却高兴地留了下来。

两年后，两人在街上相遇。犹太青年已成了老板，而英国青年还在寻找工作。英国青年对此迷惑不解，说："你这么没出息的人怎么能这么快地'发'了？"

犹太青年说："因为我没有像你那样绅士般地从一枚硬币上迈过去。你连一枚硬币都不要，怎么会发大财呢？"

也许这个英国青年并非不要钱，可他眼睛盯着的是大钱而不是小钱，所以他的钱总在明天。但是，没有小钱就不会有大钱，你不懂得从小钱积起，那么财富就永远不会降临到你的头上。

老子曾说过："合抱之木，生于毫末；九层之台，起于累土。"这句话的意思是：任何事情的成功都是由小而大逐渐积累的。积累财富也如用土筑台一样，需要许许多多的小钱做铺垫，方能成为大富翁。

"不积跬步，无以至千里；不积细流，无以成江海。"

金钱也跟人一样，你尊重它们，它们就不会亏待你；你忽略它们，它们就会从你的身边溜走。在人生的旅途中，不要忽视任何一次机会，也不要轻视任何一分钱。说不定哪一天正是那一次机会、那一分钱使你步入了辉煌。

一位聪慧的商人对一位卖蛋的节俭人说："假使你每天早上收进 10 个蛋放到蛋篮里，每天晚上你从蛋篮里取出 9 个蛋，其结果是如何呢？"

"时间久了，蛋篮就要满溢啦。"

"这是什么道理？"

"因为我每天放进的蛋数比取出的蛋数多一个呀。"

"好啦，"商人继续说，"现在我向你介绍发财的一个秘诀，你们要照我说的去做。你把 10 块钱收进钱包里，但你只取出 9 块钱作为费用，这表示你的钱包已经开始膨胀。当你觉得手中钱包重量增加时，你的心中一定有满足感。"

"不要以为我说得太简单而嘲笑我，发财秘诀往往都很简单。开始，我的钱包也是空的，无法满足我的发财欲望，不过，当我开始放进 10 块钱只取出 9 块花用的时候，我的空钱包便开始膨胀。我想，各位如果如法炮制，各位的空钱包自然也会膨胀了。"

它的道理很简单。事实是这样的：当你的支出不超过全部收入 90% 时，你就觉得生活过得很不错，不像以前那样穷困。不久，觉得赚钱也比往日容易。能保守而且只花费全部收入的一部分的人，就很容易赚得金钱；反过来说，花尽钱包存款的人，他的钱包永远都是空空的。

在生意人的这个圈子里，有一个所谓 9：1 法则，那就是当你收入 10 块钱时，你最多只花费 9 元，让那 1 元"遗忘"在钱包里，无论何时何地，永不破例，哪怕只收入 1 元，你也保证冻结 1/10。这是白手起家的第一法则。

别小看这一法则，它可以使你的钱包由空虚变充实。其意义并不仅仅在于攒几个钱，它可以使你形成一个把未来与金钱统一成一个整体的观念，使你养成积蓄的习惯，刺激你获取财富的欲望，激发你对美好未来的追求。从一个方面来看，当你的投资进入最后阶段时，这最后的一块钱往往能起到决定性的作用。

做生意切勿因利小而不为。这是因为做生意的目的是赚钱。只要有钱赚，不分多少。俗语说"积少成多"、"集腋成裘"、"聚沙成塔"。世界上许多富商巨贾，也是从小商小贩做起的。例如，美国的亿万富翁沃尔顿，是经营零售业起家的；鼎鼎有名的麦克唐纳公司，是经营小小汉堡包发财的；世界华人首富李嘉诚，开始的时候也是做小小塑花的生意。

在经营项目及数量上，也要注意"勿以利小而不为"。这是因为，看起来似乎是微不足道的小商品、小买卖（例如小百货、小杂货之类），可是它能吸引顾客，使你的事业兴旺发达。

凡事从小做起，从零开始，慢慢进行，不要小看那些不起眼的事物。这一道理从古至今永不衰竭，被许多成功人士演练了无数次。

有个叫哈罗德的青年，开始只是一个经营一个小型餐饮店的商人。他看到麦当劳里面每天人山人海的场面，就感叹那里面所隐藏的巨大的商业利润。

他想，如果自己可以代理经营麦当劳，那利润一定是极可观的。

他马上行动，找到麦当劳总部的负责人，说明自己想代理麦当劳的意图。但是负责人的话却给哈罗德出了一个难题——麦当劳的代理需要 200 万美元的资金才可以。而哈罗德并没有足够的金钱去代理，而且相差甚远。

但是，哈罗德并没有因此而放弃，他决定每个月都给自己存 1 万美元。于是每到月初的 1 日，他都把自己赚取的钱存入银行。为了害怕自己花掉手里的钱，他总是先把 1 万美元存入银行，再考虑自己的经营费用和日常生活的开销。无论发生什么样的事情，都一直坚持这样做。

6 年！哈罗德为了自己当初的计划，整整坚持不懈存了 6 年。由于他总是在同一个时间——每个月的 1 日去存钱，连银行里面的服务小姐都认识了他，并为他的坚韧所感动！

现在的哈罗德手中有了 72 万美元，是他长期努力的结果，但是与 200 万美元来讲仍然是远远不够的。麦当劳负责人知道了这些，终于被罗德的不懈精神感动了，当即决定把麦当劳的代理全部交给哈罗德。

就这样，哈罗德开始迈向成功之路，而且在以后的日子里不断向新的领域发展，成为一代巨富。

如果，哈罗德没有坚持每个月为自己存入 1 万美元，就不会有 72 万美元了。如果当初只想着自己手中的钱太微不足道，不足以成就大事业，那么他永远只能是一个默默无闻的小商人。为了让自己心中的种子发芽，哈罗德从 1 万美元开始慢慢充实自己的口袋，而且长达 6 年之久，终于感动了负责人，也开始了他自己的丰富人生。万丈高楼平地起，你不要认为为了一分钱与别人讨价还价是一件丑事，也不要认为小商小贩没什么出息。

人生关键点拨

金钱需要一分一厘地积攒，而人生经验也需要一点一滴地积累。在你成为富翁的那一天，你已成了一位人生经验十分丰富的人。

用财富创造财富

唯有懂得金钱真正意义的人，才能致富。在现代社会里，一些人虽然能够很快致富，却不能很好地使用金钱。有钱人认为，对于金钱，不仅仅要取之有道，而且还要用之有度，科学合理地使用金钱，才能够让金钱发挥出更大的价值。其实，金钱本身没有力量，只是使用得当，才产生无尽的力量。花钱是一门学问，花钱花得有水平，就能享受到赚更多钱的畅快。

中国的温州人不仅极会挣钱，而且最会花钱。但对于温州人来说，不该花的钱误花一分都痛悔不已，难以自我原谅，因而绝不会与人比试着喝"人头马"；该花的钱一定要花，大把大把如流水，花干花净不顾惜，花干花净了也敢去借贷。

在成都，有一家由温州人开设的专门批发皮货的商店。他有一批比较固定的成都私营制鞋厂老板为客户。刚来成都那阵子，这个温州人的店铺规模很小。有个成都老板每次都是骑着自行车来，进几千元的皮货。一年后，这个温州人的店面扩大了。而那个成都老板也换了摩托车，但每次还是进几千元的货。又过了两年，这个温州人将小店铺扩大为皮货批发商场。而那个成都老板又来进货，开了部小汽车，但所进的货量仍然没有增加。

这个温州人很奇怪，便问那个成都老板："几年过去了，你怎么总是进几千块钱的货？"那个成都老板十分无奈地说："我的厂只有那么大的生产能力。"这个温州人有些不解："这些年你赚的钱都哪里去啦？"成都老板笑了："你没见我换了摩托，又换了汽车吗？老实给你讲，我上月刚换了套新房，花了20多万呢……你倒是生意越做越红火，大把大把的钱怎样花呀？"这个温州人笑而不答。

又过了两年，那个成都老板生产的低档鞋没了销路，只好转行卖皮鞋。有一次，他去温州进一批名牌高档鞋，却认出那家装备有意大利生产线的鞋厂厂长就是当年在成都卖皮货的温州人。两人见了面，老客户、老熟识，亲热高兴劲自然甭提了。这个温州人一时兴至，便领着那个成都老板参观自己的工厂，说："老弟，当年你不是问我把钱花到哪里吗？今天我可以告诉你，就花到这些设备上了。"那个成都老板非常吃惊。他自叹弗如，从心里敬佩这个温州人。

把赚来的钱投资到扩大规模，提高质量上，再去赚取更多的钱。

要使成功在自己的人生旅途中永远有位置，必须用中庸之道来涵养自己的性格。对金钱的欲望必须与长远目标相结合，要预先计划好储蓄、花销，制定投资计划。要善于运用计划、合约等，唯有这样才能出人头地。与金钱打交道、交朋友时，要弄清楚"钱能载舟，也能覆舟"的道理。这便是致富者要做的重要的准备工作。

金钱本身并不会使我们快乐，只有我们对其合理安排、正确使用后，才能使自己和他人尽情享用、快乐无比，同样，花钱也是个人魅力的一种展现。

一个财主有一天将他的财产托付给3位仆人保管与运用。他给了第一位仆人5份金钱，第二位仆人2份金钱，第三个仆人1份金钱。犹太财主告诉他们，要好好珍惜并妥善管理自己的财富，等到一年后再看他们是如何处理钱财的。

第一位仆人拿到这笔钱后进行了各种投资；第二位仆人则买下原料，制造商品出售；第三位仆人为了安全起见，将他的钱埋在树下。一年后，地主召回3位仆人检查成果。第一位及第二位仆人所管理的财富皆增加了1倍，地主甚感欣慰。唯有第三位仆人的金钱丝毫没有增加，他向主人解释说："唯恐运用失当而遭到损失，所以将钱存在安全的地方，今天将它原封不动奉还。"

财主听了大怒，并说道："你这愚蠢的仆人，竟不好好利用你的财富。"

第三位仆人受到责备，不是由于他乱用金钱，也不是因为投资失败遭受损失，而是因为他把钱存在安全的地方，根本未好好利用金钱。

这个故事也告诉我们这样一个道理：要想捕捉金钱，收获财富，使钱生钱，就得学会让死钱变活钱。千万不可把钱闲置起来，当作古董一样收藏，而要让死钱变活，就得学会用积蓄去投资，使钱像羊群一样，不断地繁殖和增多。"有钱不置半年闲"，与其把钱放在银行里面睡

人生关键点拨

有句话说："人往高处走，水往低处流。"还有句话说："花钱如流水。"金钱确实流动如水。它永远在不停地运动周转流通，在这些过程中，财富就产生了。像过去那些土财主一样，把银子装在坛子里埋在房基下面，过一万年还是只有这么多银子，丝毫也没有增值。

觉，靠利息来补贴生活费，养成一种依赖性而失去了冒险奋斗的精神。不如活用这些钱，将其拿出来投资更具利益的项目。

攒钱是成不了富翁的，只有赚钱才能赚成富翁，一味地攒钱，花钱的时候，就会极其的吝啬，这会让你获得贫穷的思想，让你永远也没有发财的机会。

莫做贫穷的有钱人

金钱并不是唯一能够满足心灵的东西，虽然它能为心灵的满足提供多种手段和工具，但在现实生活中，你却不能只顾享受金钱而不去享受生活。享受金钱只能让自己早日堕落，而享受生活却能够使自己不断品尝人生的幸福。享受金钱会使自己被金钱的恶魔无情地缠绕，于是自己的生活主题只有"金钱"两字，整天为金钱所困惑，为金钱而难受，为金钱而痛苦，生活便会沦为围绕一张钞票而上演的闹剧。享受生活的人则不在于自己有多少金钱，多可以过，少一样可以过，问题是自己处处能够感悟到生活。享受金钱的人最后会被金钱妖魔化，绝对没有好的下场；享受生活的人会感觉人生是无限美好的，于是越活越有味道。

美国石油大王洛克菲勒出身贫寒，在他创业初期，人们都夸他是个好青年。当黄金像贝斯比亚斯火山流出岩浆似的流进他的口袋里时，他变得贪婪、冷酷。深受其害的宾夕法尼亚州油田地方的居民对他深恶痛绝。有的受害者做出他的木偶像，亲手将"他"处以绞指之刑，或乱针扎"死"。无数充满憎恶和诅咒的威胁信涌进他的办公室。连他的兄弟也十分讨厌他，而特意将儿子的遗骨从洛克菲勒家族的墓地迁到其他地方，他说："在洛克菲勒支配下的土地内，我的儿子变得像个木乃伊。"

由于洛克菲勒为金钱操劳过度，身体变得极度糟糕。医师们终于向他宣告一个可怕的事实，以他身体的现状，他只能活到50多岁，并建议他必须改变拼命赚钱的生活状态，他必须在金钱、烦恼、生命三重中选择其一。这时，离死不远的他才开始省悟到是贪婪的魔鬼控制了他的身心，他听从了医师的劝告，退休回家，开始学打高尔夫球，上剧院去看喜剧，还常常跟邻居闲聊，经过一段时间的反省，他开始考虑如何将庞大的财富捐给别人。

人生关键点拨

自我奉献、关心他人，拿出时间和金钱去帮助别人等是使你富足起来一种技巧。追求真正的财富，就是要遵循一定的法则。只有这样，所有的好事均会如潮水般地向你涌来，让你得到真正的财富。

于是，他在 1901 年，设立了"洛克菲勒医药研究所"；1903 年，成立了"教育普及会"；1913 年，设立了"洛克菲勒基金会"；1918 年，成立了"洛克菲勒夫人纪念基金会"。

他后半生不再做钱财的奴隶，喜爱滑冰、骑自行车与打高尔夫球。到了 90 岁，依旧身心健康，耳聪目明，日子过得很愉快。

他逝世于 1937 年，享年 98 岁。他死时，只剩下一张标准石油公司的股票，因为那是第一号，其他的产业都在生前捐掉或分赠给继承者了。

对待金钱必须要拿得起放得下，赚钱是为了活着，但活着绝不是为了赚钱。假如人活着只把追逐金钱作为人生唯一的目标和宗旨，那人将是一种可怜的动物，人将会被自己所制造出来的这种工具捆绑起来，被生活所遗弃。

有些人谈到富有，单纯指的就是拥有钱财。实际上，金钱本身并不代表富有，唯有具备与金钱价值相等的东西才是真正的财富。

人之所以工作，是为了在人生的各个领域中，生活得更有意义，并充分发挥自己的潜能，使得人人生活得更为美好。我们必须领悟：财富是无所不在的。

金钱、土地、股票、债券是财富，但是水、空气、太阳、山、海、树木、花草、爱与帮助也是财富。凡是大自然所赋予人类的一切均为财富，若能充分享受这些恩惠，才是最富有的人。

为此，我们要追求真正的财富，就必须找到一种富足的法则。要得到人生中的美好，你首先要有所付出。这也就是富足法则的诀窍。

第十二章

人脉——

人脉是一张价值千万的存折

处世是一门深奥的学问，世界说大就大，说小就小，关键在于你如何自处，如何与人相处。掌握处世之道定可在人海自由畅游，人脉的大树枝繁叶茂，生命才更加生机盎然。建立自己的人脉账户，不断储蓄，才能使得人际资源不断丰富，才能让你的人生不会孤单无助。

人脉大树，让你的人生充满生机

一个人可以有好几种投资，对于事业的投资，是买股票；对于人缘的投资，是买忠心。买股票所得的资产有限，买忠心所得的资产无限。"纣有人亿万，为亿万心，武王有臣十人，唯一心。"纣之所以败亡，武王之所以兴周，就在于纣没有这份无形资产，而武王有。

真正头脑灵活的人，是在自己能力范围之内尽量"给予"的。此种看似不求回报，但受过其恩惠的人，只要稍微有心，绝不会毫无回报的，会在能力所及的情形下与其合作。透过此种交流，彼此关系自能愈来愈亲密，愈来愈有力，终至成为对他很有帮助的人。

在日常生活中遇到意想不到的人或好意，往往带给人意外之喜。这种情形下，心中常常只有感动二字。所以，为了要让对方脑海中为自己留下深刻的印象，一些意想不到的行动是很具效果的。

美国老牌影星库克·道格拉斯年轻时十分落魄潦倒，没有人，包括许多知名大导演都认为他不会成为明星。但是，有一回库克搭火车时，与旁边的一位女士攀谈起来，没想到这一聊，聊出了他人生的转折点。没过几天，库克被邀请到制片厂报到。原来，这位女士是位知名制片人。

人脉是创造机遇的一种最有效成本，哈佛商学院的一位教授总结说，哈佛为其毕业生提供了两大工具：首先是对全局的综合分析判断能力；其次是哈佛强大的、遍布全球的、4万多人的校友网络，在各国、各行业都能提供宝贵的商业信息和优待。哈佛校友影响之大，实非言语能形容，全校有一种超越科学界限的特殊集体精神。哈佛商学院建院 92 年来，有超过 6 万名校友，这些校友多半已是各行业的精英，在团结精神凝聚下，织成了一张强大而稳固的人脉网络。对于后者，几位在中国创业的哈佛 MBA 体会最深。他们在没有其他背景的情况下，靠的就是哈佛 MBA 这块金色敲门砖，因为在华尔街，在几大风险投资基金中，对哈佛 MBA 来说，找到校友，就是找到了信任。

英雄穷困潦倒，是常有的事，但只要懂得利用人脉的投资，就能一飞冲天，一鸣惊人。

人是高级的感情动物，注定要在群体中生活，而组成群体的人又处在各种不同的阶层和具有属性，适当时进行感情投资，有利于在社会上建立一个好人缘，只有人缘好，才能有一个好的形象，你的人际交往才能如鱼得水，没人缘的人自然会常常陷入进退两难的境地。

人生关键点拨

现代社会也是个关系社会，没有关系，空有才华和能力，也是寸步难行。他山之石，可以攻玉，借助人脉的力量，是获取成功的捷径。

懂得存情的聪明人，平时就很讲究感情投资，讲究人缘，其社会形象是常人不可比的，遇到困难很容易得到别人的支持和帮助。因此，这样的聪明者其交友能力都较一般人占有明显的优势。

赢得好人缘要有长远眼光，要在别人遇到困难时主动帮助，在别人有事时不计回报，

"该出手时就出手"，日积月累，留下来的都是人缘。

现代人生活忙忙碌碌，没有时间进行过多的应酬，日子一长，许多原来牢靠的关系就会变得松懈，朋友之间逐渐互相淡漠。这是很可惜的。

人情投资最忌讲功利。讲功利，就有如人情的买卖，就是一种变相的贿赂。对于这种情形，凡是讲骨气的人，就会觉得不高兴，即使勉强收受，心中也总不以为然。即使他想回报你，也不过是半斤八两，不会让你占多少便宜的。你想多占一些人情上的便宜，必须在平时有所付出。平时不屑到冷庙烧香，有事才想临时抱佛脚，冷庙的菩萨虽穷，绝不稀罕你上这一柱买卖式的香。一般人以为冷庙的菩萨一定不灵，所以成为冷庙。殊不知穷困潦倒的英雄，是常有的事，只要风云际会，就能一飞冲天。

就像西德尼·史密斯所说："生命是由众多的友谊支撑起来的，爱和被爱中存在着最大的幸福。"一个人如果孤立无援，那他一生就很难幸福；一个人如果不能处理好人际关系，就犹如在雷区里穿行，举步维艰。"条条大路通罗马"，而八面玲珑的人可以在每条大路上任意驰骋。

充分借助人脉的平台

很多人只知道比尔·盖茨今天成为世界首富，是因为他掌握了世界知识经济发展的大趋势，还有他在电脑科技上超人的智慧和执着，但是还有一个关键的因素就是比尔·盖茨拥有相当丰富的人脉资源。比尔·盖茨创立微软公司的时候还是一个年轻的大学生，在他 20 岁的时候就与商业巨头 IBM 公司签到了一份大单。他怎能钓到如此大的"鲸鱼"？原来比尔·盖茨的母亲曾是 IBM 的董事会董事，妈妈介绍儿子认识董事长，是理所当然的事，这就是人脉带来的效益。

美国成功学大师卡耐基经过长期研究得出结论，说："一个人成功的因素，15%可以归因于他的专业知识，85%却要归因于人脉关系。"这绝非夸大其词，因为人的本质就是社会关系的总和。所以你的人脉关系越丰富，你的能量也就越大。能成就大业者，除了要有一定的业务知识，更为关键的还是他拥有广阔的人脉资源。现代社会的发展已经显示，在技术、资金、人力资源的生产力要素中，人的重要性越来越凸现，人脉资源的地位也越来越高。无怪乎美国石油大王洛克菲勒说："我愿意付出比天底下得到其他本领更大的代价来获取与人相处的本领。"

谁拥有人脉，谁就能赢得胜机。善用人脉关系，已经成为社会的一种"潜规则"。尤其是在中国，人脉的作用更是不可低估。对中国人来说，不断扩大自己的人脉网络已经成为提高自身竞争力，开拓事业版图的一种重要手段。但是如果处理不好人脉关系，则会给你的人生带来很大的障碍，甚至造成很大的损失。人脉就像一把双刃剑，所以，人脉关系是一个人一生应该好好"维护"的，也是一个人一生中最应该好好"利用"的。

"让你的人脉帮自己"，这是雅芳 CEO 钟彬娴——全球最成功的华裔女性的成功经验。最近，《时代》杂志评选出了全球最有影响力的 25 位商界领袖，钟彬娴是唯一入选的华人女性，她的成功之路被许多人认为是一个奇迹。而奇迹中蕴含的奥秘看起来真的很简单。

1979 年，一无背景、二无后台的钟彬娴以优异的成绩从普林斯顿大学毕业。当时她决定在零售业锻炼一段时间，然后再进入法学院学习法律。在她看来，零售业的经验将对她的法律学习有很大的帮助。零售业的经历可以培养悟性，锻炼自己的脸皮与耐性。于是她加入了鲁明岱百货公司，成为一名管理培训人员。

钟彬娴的家族都是专业人士，唯独她一个人入了零售行业。因此，当她直面零售工作，与客户打交道时，体会到了工作的艰辛。但她没有放弃，而是决心在工作中开拓自己的人脉。

幸运的是在鲁明岱百货公司，钟彬娴遇到了公司首位女副总裁万斯。此人自信机智，讲话清晰有力，进取心强烈，是女人中的精品。钟彬娴意识到，如果要在相互搏杀的商业社会叱咤风云，就必须摆脱亚洲人喜欢服从的特性的束缚。于是，为了向万斯学习丰富的工作经验和技巧，钟彬娴像对待老朋友一样对待万斯，用心来交流，用真诚来互动，并很快取得其信任，让她心甘情愿充当自己的职业领路人。

"有些人只等着机会来临，"钟彬娴说，"我不这样，我建议人们要抓住能带你飞翔的人的翅膀。"在万斯的帮助下，钟彬娴在鲁明岱百货公司升迁很快，到了 20 世纪 80 年代中期，她已一跃成为销售规划经理、内衣部副总裁。

后来，钟彬娴开始兼任有着 110 多年直销历史的雅芳公司的顾问工作。在雅芳，钟彬娴卓越的才华和超绝的人脉拓展能力吸引了雅芳 CEO 普雷斯的注意力。7 个月后，她正式加盟雅芳公司。时间长了，她发现在这里没有挡住女性升迁的玻璃天花板。女人也有很宽很广的发展空间。很快钟彬娴便在雅芳拥有了自己的人脉资源，并以卓越的管理才能获得高管普雷斯的认可，与之结为好友。

1999 年 11 月，在经济高速膨胀时期，雅芳却股票下滑，销售量下降。这时，普雷斯力荐钟彬娴继任 CEO 接手雅芳。20 个月内，钟彬娴从广告、加工、包装、销售等各个环节对雅芳进行了大检修，使雅芳焕然一新。更令人称道的是，她没有放弃雅芳原来的销售队伍，反而使这支队伍重现活力。钟彬娴延用老职工，无疑是一种广植人脉的策略，使得她的每一项改革工作都获得了公司内部员工的大力支持。

人生关键点拨

交际活动是机遇的催产术，善于开发人脉资源，捕捉机遇，成功的彼岸便离我们更近了。

一个没有任何背景的女性，在 40 岁出头就能有如此令人羡慕的成就，这不能不说是一个奇迹。而钟彬娴成功的关键就在于善于建立自己的好人脉，找对了自己职业生涯中的关键人物。这就是当代成功速成法则，甚至可以称之为成功的捷径。

"天大的面子，地大的本钱"，说的就是这回事！人脉来了，机遇还会远吗？成功还会遥不可及吗？编织人际关系的同时为我们引来了很多的可能，你不仅认识了别人，别人也了解了你，彼此间形成了一种很好的沟通、互换，这种交往会让你喜获丰收，甚至一举两得，既加深了友谊又获得了发展的机遇。

精心维护你的人脉

国际知名演说家菲利普女士曾经请造型顾问帕朗提帮她做造型设计。菲利普女士说："整理出来的衣服总共分成三堆：一堆送给别人，一堆回收，剩下的一小堆才是留给自己的。有许多我最喜欢的衣物都在送给别人的那一堆里，我央求帕朗提让我留下件心爱的毛衣与一条裙子。但她摇摇头说道：'不行，这些也许是你最喜爱的衣物，但它们不适合你现在的身份与你所选择的形象。'由于她丝毫不肯让步，我也只得眼睁睁地看着自己的大半衣物被逐出家门。"

菲利普不仅学会了舍弃那些已不再适合自己的东西，而且将此方法运用到了处理人际关系上。她说："你衣柜满了，需要清理与调整，以便腾出空间给新的衣服。同样的道理，你的人际关系网也需要经常清理。"

在工作与生活的过程中，组建关系网是有可能的，但试图维持所有关系似乎是不可能的，而想要在现有的人际网络内加进新的人或组织就更加艰难。因此，在组建人际关系网的时候，必须学会筛选。

筛选虽然不容易，但仍是可以做得到的。选择本来就是一件很困难的事，结果往往更令人痛苦。然而有句话说得很对：有失才有得。

很多时候，你要跟某人中断联系，你根本无须多说什么。世事沧桑，当彼此共同的兴趣已不复存在时，便是分道扬镳的时候，中断联系其实是个自然而然的过程。退出某个组织有时也许只是再也不参加任何活动，或是向负责人解释一下。总之，如何处理"离队"事宜，应视情况而定。

帕朗提容许菲利普女士留下的衣服，当然是最美丽、最吸引人也是剪裁最得体的几套。"舍"永远不是件容易的事，虽然有遗憾，但从此拥有的都是最好的，更重要的是有更多空间可以留给更好的。

如果我们对自己的人际网络做同样的"清除"工作，在去糙取精之后，留下来的朋友不就都是我们最乐于与之往来的吗？我们应该把时间与精力放在让自己最乐于相处的人身上。在平时需要奔波忙碌于工作、社交与生活之间的我们，筛选人际关系网络是安排生活先后次序的第一步。

"要想建立良好的人际关系，你必须勤下功夫。"这是苹果电脑人力资源

部副总裁苏利文对员工提出的忠告。要建立良好的人际关系,需注意以下几点:

(1)要结成一张高效的关系网,先得进行筛选。把与自己的生活范围有直接关系和间接关系的人记在一个本子上,把没有什么关系记在另一个本子上,选择对自己有帮助的人时,必须放下关系网中的额外包袱。当然,你们还是朋友,只是不必浪费时间维系这种老关系。

(2)分析关系网中的人,列出哪些人是最重要的,哪些人是比较重要的,哪些人是次要的。这要根据自己的需要来定。这样,你自然会明白,哪些关系需要重点维护,哪些关系只需要保持一般联系,从而决定自己的交际策略。

(3)对关系进行分类。生活中一时有难,需要求助于人的事情往往涉及许多方面,你需要各方面的帮助,只从某一方面获得的情况很少。

一般来说,良好、稳定的人际关系的核心必须由10个左右你所信赖的人组成。这首选的10人可以是你的朋友,或在事业上与你紧密联系的人。为什么将人数限定为10人呢?因为这种牢不可破的关系网需要你一个月至少维护一次,10人就足以用尽你所有的时间。

(4)保持联系是建立成功关系网络的一个重要条件。"关系"就像一把刀,常磨才不会生锈。若是半年以上不联系,你就可能忘记这位朋友了,所以不要与朋友失去联络,不要等到有麻烦时才想到别人。

(5)必要的"感情投资",会使你的关系网更加牢固。记下与关系网中的人有关的一些至关重要的日子,比如生日或结婚纪念日,在这些特别的日子里,哪怕只给他们打个电话,他们也会高兴万分。

当他们升迁的时候,向他们表示祝贺,当他们处于低谷时,向他们表示慰问,并主动提供帮助。当你的商务旅行地点与哪一个关系成员接近时,你可以与他共进晚餐。当他们向你发出邀请时,不论是升职派对,还是他的儿女的婚礼,都要郑重其事地参加。

(6)不断提升自我,增加个人魅力。素质高而有魅力的人容易得到别人的接纳,这也是人之常情。在交往中你一定要注意礼仪,这表现在你的着装、谈吐、一举一动之中。

人生关键点拨

精心维护你的人脉,不要等到一筹莫展之际,才发现自己没有任何人脉资源。搭建人脉平台,要靠自己的主动,有付出,才有回报。

谦谦君子比一般人更容易获得对方的好感，窈窕淑女同样更能给人留下良好的印象，这关系到你能否顺利打开对方的心灵之门。除此之外，更要注重提高自己的专业素质，因为每个人都喜欢与优秀的人才交往，潜意识里渴望与比自己优秀的人才建立关系。

在好莱坞，流行一句话："一个人能否成功，不在于 What you know（你知道什么），而在于 Whom you know（你认识谁）。"

初入社会的新鲜人，不要以为自己拥有卓越的才能就能获得成功。学着去建立自己的人脉网络吧。只有建立起了人脉网络，你才会享受到人脉给你带来的好处，那时你才会深刻认识到，一般人才与顶尖人才的真正区别在于人脉，而非仅仅是才学和能力。

上善若水，拓展人脉

人海茫茫，要寻找和发掘有限的交际资源。你从何处着手呢？仔细地看一看我们的周围，想一想我们所接触的人，你就会觉得，有时我们可以用一种行得通的方法来对付。也就是说，我们可以把每日接触的人划分为几个部分，找出每一个部分的特点，如果能找到这些特点的规律，并且能指出一个共同处理的法则，那么这个人定会成为交际能手。

任何人在一生当中逃不出 5 个交际圈，都会在 5 个领域里生活。

1. 血缘及家庭交际圈

血缘及家庭交际圈是指由于血缘的关系，或者法律规定所结成的夫妻关系所处的交往范围，叫作血缘及家庭交际圈。在 5 个交际圈理论中，血缘及家庭交际圈是最重要的一个交际圈。

在这里面，有夫妻之间的关系、兄妹之间的关系、父子之间的关系、母女之间的关系、亲戚之间的关系等。在血缘交际圈中，人际关系非常重要，夫妻之间的相爱，兄弟姐妹之间和谐的往来，父母子女之间和睦的相处，都可以对你的事业和人生起到积极的促进作用。

有的人在单位里，可能工作得很出色，但在组织当中所得到的人际关系的满足和荣耀，取代不了他在家庭生活中人际关系不和谐给他带来的痛苦。所以他就是不愿意下班，每当回到家里，他就好像走进了地狱之门，家庭关系紧张，给他带来了很大的烦恼。

当你辛苦了一天，回到家，迎接你的是一个宽松和谐的环境，你自然能消愁解闷，养精蓄锐后，又信心百倍地面对新的一天。

所以，一定要珍惜和妥善处理好这个交际圈，它不仅能给你带来工作上的收获，而且最能影响你的情绪，激发你的斗志。

2．组织交际圈

不管你是为国有企业服务，为私营企业服务，为三资企业服务，还是在政府机构、事业单位工作，在这种正式群体或组织中的交往范畴叫作组织交际圈。这个交际圈在 5 个交际圈中是最重要的交际圈。

同事之间的关系，上下级之间的关系，推销员与客户之间的关系都是组织交际圈中的组成部分。在组织交际圈中能和谐友好地相处，可以给你提供一个有利于工作的人事环境。而你能否得到他们的信任，则取决于你能否在这个交际圈中与他们建立良好的人际关系，以及你们之间的交往是否顺利有效。

3．地缘交际圈

人们由于空间、地理位置的邻近，所形成的交往范围叫作地缘交际圈。

在这里面，有邻里关系、社区关系、乡里关系，虽然我们现在住的是用钢筋水泥隔开的房子，仍免不了由于空间距离的邻近，而跟一些人发生交往。

俗话说得好，远亲不如近邻。我们在所处的社区，如果处理不好关系，会影响正常生活。如果处理得当，会带来很多方便。

所以，搞好邻里关系对我们就显得特别重要。在每天与这些人的接触中，也许一个热情的招呼、一个友善的微笑，就会换取对方的好感，进而为自己赢得好名声。

4．舆论交际圈

在你与大众交往中，你的形象往往是通过公众的评价和舆论形成的，有关这一整体形象的舆论传播就构成了舆论交际圈。

在传媒日益发达的今天，这个交际圈变得异常的重要。你也许会去评价一个不认识的人，虽然跟这个人没有见过面，不认识他，但通过别的媒体听说过他。同时，你也可能被一个没见过，但听说过你的人评价和关注。

人生关键点拨

整体、灵活地运用这5个交际圈，你才是一个交际能手，才能真正体会到人际关系的魅力，才能使人际关系融洽、和谐。

5. 业余交际圈

工作之余基于共同的兴趣、共同的爱好，而组成的这种非正式群体交往范畴叫作业余交际圈。

多种形式的沙龙、俱乐部、私下交往等就是这种非正式群体交往的有效方式。我们在单位里会有一些相处融洽、合作愉快的上级、部下、同事，但这种组织交际圈中合作愉快的上下级关系、同事关系不能等同于业余交际圈的朋友关系。

一般来说，领导与下属的关系、同事之间的关系是建立在工作与利益基础之上的，不是以单一的情感为基础的。业余交际圈中的朋友关系，才能给你真正的友情，其衡量的标准，是以共同的爱好、共同的兴趣组合在一起的，靠心与心之间的距离来维系。所以在工作岗位上再有成就的人，他也需要向业余交际圈中的知心朋友倾诉他自己的情感。

人们不会把许多时间放在业余的社交活动上，可一旦你出入社交场合，就应该加倍珍惜这些机会，或者在业余时间不断地拜访一些各界名流和前辈，从他们的宝贵经验和教导中获得有益的启示和技巧。

现实生活中，我们被众多爱我们的人、恨我们的人和素昧平生的人包围着，他们形成一个强大的网络将我们紧紧地罩住。有时我们可以理清脉络，有时我们却被这个网络紧紧束缚，无端生出许多烦恼。但使人嫉妒的是，生活中却有许多人少有这些烦恼。他们可以圆滑而得体地处事，潇洒而自然地生活。他们在人际关系上占尽上风。这是为什么呢？秘诀就在于：盘点人力资源，巧用5个交际圈。

朋友一生一起走

西塞罗曾经说过，人类从无所不能的上帝那里得到的最美好、最珍贵的礼物就是友谊。

大约 4 个世纪以前，英国学者培根曾说："友谊能使欢乐加倍，把悲伤减少一半。"

在今天，友谊比以往更具重要性，因为今天的生活压力太大了，我们更需要友谊的滋润。这里所说的并不是那种"酒肉朋友"，而是忠诚、患难与共、相互扶持的友谊，这是人际关系中最重要的一种。

拥有真诚友谊的人，比百万富翁或亿万富翁更富有——即使更多的金钱也不能改变这一事实。这也许听起来有点像老生常谈，却是一个不毋庸置疑的真理。失去好朋友的损失比失去金钱要大得多，失去金钱你可以再赚回来，而失去好朋友你只能追悔莫及。朋友永远是我们所拥有的最大财富。

在美国内战爆发之前，人们经常在茶余饭后谈论几位总统候选人的条件。有一次，在提到林肯时，一个人说道："林肯一无所有，他唯一的财富就是众多的朋友。"的确，林肯非常贫困，当他当选为所在州的议员时，他特地借钱买了一套比较高档的服装，以便在公众场合抛头露面时显得比较正式，并且由于坐不起车，他还徒步走了 100 千米去就职。还有这样一则轶事，那就是在林肯当选为美国总统之后，他为了把家人迁移到华盛顿，竟然不得不向朋友借钱。然而，就是这样一个在物质上窘迫困顿的人，在友谊上却是非常富有。

尽管西奥多·罗斯福具有非凡的个人能力，但是，如果没有来自于他朋友们强有力的、无私的和热心的帮助，他是根本不可能取得这么大的成就的。事实上，如果不是有他的朋友们，特别是他在哈佛大学所交的那些朋友们的倾力相助，他能否当选为美国总统还是个问题。不论是在他作为纽约州长的候选人期间，还是在他竞选总统期间，许许多多的同班同学和大学校友为他不辞辛苦地奔波。在他所组织的"旷野骑士团"中，他获得了众多的友谊之手，他们最终在总统竞选中为罗斯福在西部和南部赢得了成千上万张选票。

拥有真挚热心的朋友是一件让人幸福的事。朋友总是细心地关注着我们的每一个兴趣爱好，无时无刻不在为我们服务，他们会抓住每一个机会赞扬我们的优点，无私地支持我们。在我们不在的场合，他们会毫不犹豫地代表和维护我们的利益，他们会帮助我们克服自身的缺陷与不足，在听到有可能伤害我们的流言蜚语或无耻谎言时，他们会果断地予以制止和反驳。他们还会努力地扭转他人对我们的消极印象，给我们公正的评价，并想方设法地消

人生关键点拨

人生中的最大的事，不是赚钱，而是要把我们内在的最高的力量、最美的天性，充分地发挥出来。这样，我们就能成为有吸引力与受人欢迎的人，就能赢得真正的友谊。要想赢得友谊，本身必须有种种可爱的品德。自私、小气、嫉妒、不愿成人之美、不喜闻人之誉的人，很难获得朋友。

除由于某些误解，或者是由于我们在某些场合恶劣的第一印象而导致的偏见。总之，朋友在漫漫的人生之路上总是推动着我们前进，总是在关键的时刻助我们一臂之力。

没有朋友的人在这个世上将显得非常孤立和可怜。如果没有朋友替我们挡住那些残酷无情的打击和攻击，并耐心地抚慰我们受伤的心灵，我们中许多人将会落到声名狼藉、伤痕累累的境地。有了好的朋友，不但精神上可以得到慰藉，而且身心上可以得到愉悦，道德上可以得到长进。单单从经营事业的角度来看，朋友帮助的价值，已经不可轻视了。如果没有许多朋友为我们带来顾客、客户和生意，如果没有朋友始终如一地尽己所能为我们开辟道路和提供方便，我们中的许多人在经济上将更加困顿。

一个人的成功应该由他所交的朋友的数量和质量来衡量。因为不管他积聚了多么庞大的财富，如果他没有众多朋友的话，那他的某些地方肯定是存在巨大缺陷的，这样的人缺乏所谓的纯正品质。孩子们必须接受这样的教育，即这个世界上最神圣的事物就是一个真正的朋友，他们必须从小接受训练来培养交友的能力。这种训练所起的作用是其他任何东西都无法代替的，它将极大地丰富他们的个性，有助于发展优良的品质，并使他们的生活更加幸福。

将心比心，推己及人

阿拉伯名作家阿里，有一次和吉伯、马沙两位朋友一起旅行。三人行至一个山谷时，马沙失足滑落，幸而吉伯拼命拉他，才将他救起。马沙就在附近的大石头上刻下了："某年某月某日，吉伯救了马沙一命。"三人继续走了几天，来到一条河边，吉伯与马沙为了一件小事吵起来，吉伯一气之下打了马沙一耳光，马沙就在沙滩上写下："某年某月某日，吉伯打了马沙一耳光。"

当他们旅游回来之后，阿里好奇地问马沙为什么要把吉伯救他的事刻在石上，而将吉伯打他的事写在沙上？马沙回答："我永远都感激吉伯救我。至于他打我的事，随着沙滩上字迹的消失，我会忘得一干二净。"记住别人对我们的恩惠，洗去我们对别人的怨恨，这样的人生才会阳光明媚。

人生关键点拨

萨德说过，谁想在困厄中得到援助，就应在平日待人以宽。

一位朋友说："我只记着别人对我的好处，忘记了别人对我的坏处。"因此，这位朋友受到大家的欢迎，拥有很多至交。别人对我们的帮助，千万不可忘了；反之，别人倘若有愧对我们的地方，应该乐于忘记。

乐于忘记是一种心理平衡。有一句名言说："生气是用别人的过错来惩罚自己。"老是"念念不忘"别人的"坏处"，实际上最受其害的就是自己的心灵，搞得自己痛苦不堪，何必呢？这种人，轻则自我折磨，重则就可能导致疯狂的报复。乐于忘记是成大事者的一个特征，既往不咎的人，才可甩掉沉重的包袱，大踏步地前进。乐于忘记，也可理解为"不念旧恶"。人要有点"不念旧恶"的精神，况且在许多情况下，人们误以为"恶"的，又未必就真的是"恶"。退一步说，即使是"恶"，对方心存歉意，诚惶诚恐，你不念恶，礼义相待，进而对他格外地表示亲近，也会使为"恶"者感念其诚，改"恶"从善。

最难得的是将心比心，谁没有过错呢？当我们有对不起别人的地方时，是多么渴望得到对方的谅解！是多么希望对方把这段不愉快的往事忘记！我们为什么不能用如此宽厚的理解开脱他人？

古往今来，不计前嫌、化敌为友的佳话举不胜举。以古为鉴，可以让我们明白事理，明辨是非，把握前途。

"己所不欲，勿施于人"，是一种高尚的人格修养，也是一种同理心的表现，在与人交往的过程中，能够体会他人的情绪和想法、理解他人的立场和感受，并站在他人的角度思考和处理问题。用自己的心推及别人，自己希望怎样生活，就想到别人也会希望怎样生活；自己不愿意别人怎样对待自己，就不要那样对待别人；自己所不愿承受的，不要去强加在别人头上。人往往是自私的，普通人大都有这样的通病：自己不愿意的，却推给别人。世界是由许多人组成的一个整体，人与人之间需要尊重和理解。你可能有权利非公平地对待其他人，但你这种非公平的态度，将会使你最终"自食其果"。因为别人也会可能用同样的方式对待你。

过犹不及，把握交际尺度

蕨菜和离它不远的一朵无名小花是好朋友。每天天一亮，蕨菜和无名小花都扯着嗓子互致问候。日子久了，它俩都把对方当成自己最知心的朋友。同时，它俩发现，由于相距较远，每天扯着嗓子说话很不方便，便决定互相向对方靠拢，它们认为彼此之间距离越近，就越容易交流，感情也越深。

于是，蕨菜拼命地扩散自己的枝叶，它蓬勃地生长，舒展的枝叶像一柄大伞一样，无名小花则尽量向蕨菜的方向倾斜自己的茎枝，它俩的距离也越来越近了。

出乎意料的是：由于蕨菜的枝叶像一柄张开的大伞，它不仅遮住了无名小花的阳光，也挡住了它的雨露。失去阳光照射和雨露滋润的无名小花日渐枯萎，它在伤心之余，不再与蕨菜共叙友情，相反还认为是蕨菜动机不良，故意谋害自己，便在心里痛恨起蕨菜来。

蕨菜呢，由于枝叶过于茂盛，一次狂风暴雨之后，它的枝叶被折断许多，身子光秃秃的。看着遍体鳞伤的自己，蕨菜把这一切后果都归咎于无名小花，如果没有无名小花，它也绝不会恣意让自己的枝叶疯长的。

于是，一对好朋友便反目成仇了。

距离是人际关系的自然属性。有着亲密关系的两个朋友也毫不例外，成为好朋友，只说明你们在某些方面具有共同的目标、爱好或见解以及心灵的沟通，但并不能说明你们之间是毫无间隙，可以融为一体的。任何事物都存在着其独自的个性，事物的共性存在于个性之中。共性是友谊的连接带和润滑剂，而个性和距离则是友谊相吸引并永久保持其生命力的根本所在。

人一辈子都在不断地交新朋友，但新朋友未必比老朋友好，失去友情更是人生的一种损失，因此要强调：好朋友一定要"保持距离"！

"保持距离"就是不要太过亲密。也可以说，心灵是贴近的，但肉体是保持距离的。能"保持距离"就会产生"礼"，尊重对方，这礼便是防止对方碰撞而产生伤害的"海绵"。

朋友相处，重要的是双方在感情上的相互理解和遇到困难时的互相帮助，而不是了解一些没有必要的东西。有的人为了表示自己对朋友的信任，把自己的一切情况及观念和盘托出，这种做法是一种轻视自己的行为，如果你所结交的朋友是一个值得信赖、品行端正的人，可以说是你的幸运，万一对方是居心不良、有歹意而你又没有识破的人，情况就会使你大伤脑筋。

许多人常有一个错误的想法，挚友之间无须讲究礼仪，因为好朋友彼此之间熟悉了解，亲密信赖，如亲兄弟，财物不分，有福共享，讲究礼仪拘束便显得亲疏不分，十分见外了。有些人自以为朋友和自己心心相印，说什么他都不会计较，就对他当面诉说你对他本人的不满。如你的朋友并不像你想象的那么大度，则很有可能记恨在心，而伺机暗中布设圈套陷害你。因此，你在坦言之前，最好是认真思考一下后果，看对方是否能够接受，是否会产生逆反心理，是否感到你的行为过于轻率，是否会影响到你们之间的友谊。

其实，朋友关系的存续是以相互尊重为前提的，容不得半点强求、干涉和控制。彼此之间，情趣相投、脾气对味则合、则交，反之，则离、则绝。朋友之间再熟悉、再亲密，也不能随便过头、不恭不敬，这样，默契和

人生关键点拨

对待朋友，无论关系如何亲密，都不可恶语中伤，语言的伤害是永远无法弥补的伤痕。将自己放在与朋友相等的地位，设身处地为朋友着想，相敬如宾，才能让友情常青。

平衡将被打破，友好关系将不复存在。

和谐深沉的交往，需要充沛的感情为纽带，这种感情不是矫揉造作的，而是真诚的自然流露。中国素称礼仪之邦，用礼仪来维护和表达感情是人之常情。待挚友仍须敬，并不是说在一切情况下，都要僵守不必要的烦琐的客套和热情，而是强调好友之间相互尊重，不能跨越对方的禁区。

每个人都希望拥有自己的一片私密天空，朋友之间过于随便，就容易侵入这片禁区，从而引起隔阂冲突。待友不敬，有时或许只是一件小事，却可能已埋下了破坏性的种子。

维持朋友亲密关系的最好办法是往来有节，互不干涉，保持一定距离才能天长地久。

第十三章

机遇——
机遇其实永远都在身边

有多少机遇就摆在我们面前而我们却视而不见？要是不能把握时机，就要终身　　　，一事无成。机遇只垂青有准备的头脑，机遇不能空想，要学会自己创造，改变一切所能改变的，让自己的人生时时处于主动，处处抢占先机，才能在借着机遇的翅膀越飞越远。如果我们做了应该做的一切，那么所有的机遇都会垂青于我们。

机遇改变人生

保罗·道弥尔，美国的一个亿万富翁，出生于匈牙利一个并不富裕的家庭。1948 年，21 岁的他离开匈牙利来到美国。年轻的他，两手空空，无一技之长，身上只有父亲送他的 5 美元。

一天，他来到一个制造日用品的工厂，希望工厂老板给他一个工作机会。

老板问："你能做些什么工作？"

道弥尔回答得很简单："除了技术性工作之外，做什么都可以。"

老板说："那好，你就来做搬运工吧。不过，这个活儿是挣不了多少钱的。"

道弥尔就问工厂几点开门，老板说早上7点半。不过可以8点半上班，因为来早了没有活儿干。

第二天早上7点钟，道弥尔就已经在工厂门口等候。工厂一开门，他就不声不响地走进去主动帮老板忙里忙外，干得很卖力气，还做了许多分外的工作，一直到晚上9点才离开。老板觉得他是个诚实可信的青年，对他产生了很好的印象。

以后，道弥尔每天都是如此，坚持了下来。他靠这种吃苦耐劳、持之以恒精神最终赢得了老板的信任。

一天，老板把道弥尔叫到办公室说："我还有许多事情要做，我想请你替我照管这个工厂，你不会不同意吧?"

道弥尔当然高兴，他自信地说："谢谢你对我的信任，我会把工厂管理得很好的。"

于是，老板把整个工厂交给道弥尔管理，道弥尔当起了工厂主管……

可见，每个人都可以用某种方法获得老板的信任，为自己争取到某种机会。道弥尔当上工厂主管，可谓是一次对机会进行捕猎的成功。他虽然没有料到老板会把整个工厂交给一无所有又无一技之长的自己来管理，但他很清楚，要想捕捉到机会，就必须通过自己的努力与坚持来获得老板的信任。

事实证明他是对的，他最终为自己争来了一个机会。

一般来说，无论什么样的机会，都可能影响到一个人的成功，有时候还会影响一个人的一生。因此，我们中的任何一位都必须立足平常事，捕猎机会；善于发现、争取和利用一切机会，然后牢牢把握住机会，甚至创造机会以达到成功的目的。

在20世纪初的美国淘金热潮中，年轻的达比在做着"黄金梦"的叔叔的带领下，前往西部挖金矿。他们买到了一块矿地，没日没夜地用铲子和尖嘴锄去开采。

辛苦了几个星期，他们终于从矿地上挖到了金矿。达比和叔叔十分高兴，但他们需要用机器把金矿从地下弄到地上来。

达比的叔叔很镇静地把矿坑掩埋起来，除掉自己的脚印，然后火速赶回马里兰州威廉斯堡的老家，把挖到金矿的消息告诉他的亲戚和几位邻居，大家凑了一笔钱，买来了所需的机器，托人代送。这位叔叔和达比也动身回到矿区工作。

第一车的金矿挖出来，送到一处冶金工厂，结果证明他们已经挖到了科罗拉多州最富的一个矿源。只要再挖出几车金矿，偿还所有买地欠下的债务后就可以大赚特赚了。

叔叔和达比高高兴兴地下坑工作，带着无限的希望挖矿。但在这时候，发生了他们料想不到的事，金矿和矿脉竟然不见了，黄金没有了。

他们继续挖下去，焦急地想要挖出矿脉来，但是，他们一无所获。绝望的叔叔和达比放弃了寻找，将地卖给别人。

然而，根据一位工程师的计算，只要从达比和他叔叔停止挖掘的地点再往前挖 90 厘米，就能找到金矿。

果然，就在工程师所说的那个地方，矿脉又重新找到了。请工程师的人是一位售货员，他把挖出来的金矿出卖，获得了几百万美元。

抓住了机会，所以在很短的时间里就可以不费力气地获得成功，而失去了机会只会让自己费力。因此，能否抓住机会，一念定乾坤。

> **人生关键点拨**
>
> 机遇往往在瞬间就决定了人生和事业的命运，抓住了机遇，就彻底地改变了自己的命运前途。机遇，是瞬间的命运。

人生面临无数机遇

根据自己所处的环境，自己所具备的条件和优势，对自己人生进行理智设计及运作，这就是"运"的含义。如果这种选择、设计和把握恰好跟上了时代的潮流，跟上了市场的发展，那就是你的运气来了。

在我们一生中，机会像流星一样极易逝去。它燃烧的时间虽然很短，却往往能带来巨大的能量。尤其是在追求财富的过程中，也许只有那么一次小小的机会，就能让我们大发其财，成为巨富。犹太人总是这样相互鼓励说："试着去做一件自己早就想做但却始终没有勇气去做的事，你会拥有焕然一新的人生。"

仅仅只花了 6 年时间，美国人马克·奥哈德林先生就由一名穷困潦倒的失业青年变成一个小有名气的百万富翁。

哈德林先生描述说，在他 25 岁的时候，看了一本名叫《我是怎样在业余时间把 1000 美元变成 300 万的》的书，好像看到了一个辉煌世界。于是，他尽可能地了解有关投资和不动产的知识，一有机会便和从事房地产的朋友、亲戚聊天，暗暗为自己定下目标：在 30 岁时成为百万富翁。

有一天，一个房地产中间商激动地告诉他一个投资少、收益惊人的买卖：一所坐落在中产阶级住宅区的现代式房子，维护良好，房况极佳，属一流建筑。房主出价 14500 美元，由于某些原因，她必须在 1 月之内把房子卖掉。哈德林听后很是动心。经过还价，买卖双方定为 10000 美元。尽管哈德林当时银行存款不足 500 美元，但他觉得这是一个不容错过的机会，即使万一筹不到这笔钱，也不过要付给中间商 100 美元酬金而已。他毫不迟疑地和房主签了约，返身直奔城里最大的银行，以借款的形式得到了 10000 美元，付给了房主。他又来到另一家银行，以新购的房产作抵押，贷款 10000 美元还清了第一家银行的借款。没几年，他的住户又帮他还清了第二家银行的贷款。就这样，马克·奥·哈德林先生很快成为百万富翁，实现了自己的梦想。

在大多数人看来，所谓机遇是那种可遇而不可求的东西，其实不然。机遇随时都有，机遇无处不在。只是看我们善不善于发现，能不能把握罢了。在我们生活当中，一个偶然的机会，一个突发的事件，往往都能产生出无数的机遇。所以，要想成为富翁，就得把握机遇，千万别放过身边每一个可能发财的细节。

20 世纪 20 年代的时候，有一位欧洲的神父到一小镇传教。他看到当地人民生活非常苦，动了恻隐之心。他苦思良策想改善教友们的生活。

有一天，神父走过一户人家，看见妇人在门口梳头，有些头发掉在地上。这一幕触发了他的灵感。

神父想起了他的家乡——欧洲，从工业革命后，工厂纷纷设立，厂内的女士都必须戴发网上工，不仅避免头发卷入机器，而且也是一种装饰。如果把妇女掉在地上的头发捡起来，然后编织成发网销到欧洲去，岂不是可以改善工友们的生活吗？

于是，神父就告诉妇女们，在梳头时，务必把落发收集起来。另一方面，他告诉商人，拿些针线与火柴来交换妇人的零碎头发，编织成发网，外销欧洲。他的计划果然实现了。

人生关键点拨

机遇其实一直在你我耳畔滴答作响，只不过我们被许多东西遮住了耳朵。

这是什么道理呢？机遇本就无处不在，如果说机遇就是那一块块木片，一根根头发，丢在大街上多数人都熟视无睹，那么机遇也就白白地浪费了。只有善于发现和挖掘机遇的人，才能把握机遇，创造财富，成为财富的主人。

机遇好比被你遗忘的物品，虽然你看不到它，它却天天看到你。这时，你如果要去寻找它，就得耐心地去寻找。也许不经意间，它就会突然出现在你的眼前。因为，它早已存在于我们周围，散布于人生的角落，只不过被你遗忘罢了。

一个农场主不慎将一只名贵的金表遗失在仓库里，他遍寻不获，便要人们帮忙，悬赏 100 美元。面对重赏的诱惑，很多人卖力地翻找。无奈谷仓内杂物堆积如山，要想在其中找寻一块金表如同大海捞针。

人们忙到太阳下山仍没找到金表。他们一个个放弃了寻找金表的行动。

只有一位小孩在众人离开之后仍不死心，在仓库内坚持寻找。当一切喧闹静下来后，他突然听到一个奇特的声音，那声音"滴答、滴答"不停地响着。小孩循声找到了金表，最终得到了 100 美元的赏金。

可见，机遇如同仓库内的金表，早已存在于我们周围，只要我们冷静地思考，我们就会听到那清晰的滴答声。

机会只垂青有准备的头脑

卡罗·道恩斯原是一家银行的职员，但他放弃了这份在别人看来安逸而自己觉得不能充分发挥才能的职业，来到杜兰特的公司工作。

当时杜兰特开了一家汽车公司，这家汽车公司就是后来声名显赫的通用汽车公司。工作 6 个月后，道恩斯想了解杜兰特对自己工作优缺点的评价，于是他给杜兰特写了一封信。道恩斯在信中问了几个问题，其中最后一个问题是："我可否在更重要的职位从事更重要的工作?"

杜兰特对前几个问题没有作答，只就最后一个问题做了批示："现在任命你负责监督新厂机器的安装工作，但不保证升迁或加薪。"杜兰特将施工的图纸交到道恩斯手里，要求："你要依图施工，看你做得如何?"

道恩斯从未接受过任何这方面的训练，但他明白，这是个绝好的机会，不能轻易放弃。道恩斯没有丝毫慌乱，他认真钻研图纸，又找到相关的人员，做了缜密的分析和研究，很快他就明白了这项工作，终于提前一个星期完成了公司交给他的任务。

当道恩斯去向杜兰特汇报工作时，他突然发现紧挨杜兰特办公室的另一间办公室的门上方写着：卡罗·道恩斯总经理。

杜兰特告诉他，他已经是公司的总经理了，而且年薪在原来的基础上在后面添个零。"给你那些图纸时，我知道你看不懂。但是我要看你如何处理。结果我发现，你是个领导人才。你敢于直接向我要求更高的薪水和职位，这是很不容易的。我尤其欣赏你这一点，因为机会总是垂青那些主动出击的人。"杜兰特对卡罗·道恩斯说。

固然，我们应该在苹果熟了的时候才去摘取，但机遇树上的苹果一变青我们就要准备好手中的篮子，如果不是道恩斯主动出击，也许机遇永远不会来叩响他的大门，我们在开始做事时就要像千眼神那样审视时机，对青苹果时刻保持警惕——因为这是苹果成熟的征兆。正如培根所说："机会老人先给你送上它的头发，当你没有抓住再后悔时，却只能摸到它的秃头了。"

生活就是这样，在别人卖石头的重量时，你抢先一步卖造型，在别人卖水果时，你抢先一步卖盛水果的筐，时机就这样被你捕捉到了。在别人等着机会老人露头时，你抢先一步把他送上来的头发抓住，你就是能第一个摘到熟苹果的人。

人生关键点拨

中国明代政治家张居正说："审度时宜，虑定而动，天下无不可为之事。"在纷纭的世事中，一个适合我们的时机往往只出现一次，我们要灵活地运用它而不是滥用它，审慎地抓住它而不是被它绊倒，我们就会把机遇变成未来，让星星之火终成燎原之势。

主动出击，创造机遇

　　亚历山大大帝在某次战斗胜利后，有人问他，是否等待机会来临，再去进攻另一个城市。亚历山大听了这话，竟大发雷霆，他说："机会？机会是要靠我们自己创造出来的。"创造机会，便是亚历山大之所以伟大的原因。因此，唯有去创造机会的人，才能建立轰轰烈烈的丰功伟绩。

　　如果一个人做事情总要等待机会，那是极危险的。一切努力和热望，都可能因等待机会而付诸东流，而那机会最终也不可得。

　　拿破仑在成功翻越阿尔卑斯山之前，曾这样问他的工程师们："如果通过这条路直接穿越过去，有没有可能？"这些工程师曾被派去探寻能够穿过险峻的阿尔卑斯山圣伯纳山口的路。他们吞吞吐吐地回答："可能行的，还是存在着一定的可能性的。""那就前进吧。"身材不高的拿破仑坚定地说道，丝毫没有听出工程师们刚才答话里的弦外之音——越过越那山口肯定是极其困难的。

　　此时，英国人和奥地利人听到拿破仑想要跨过阿尔卑斯山的消息时，都轻蔑地撇了撇嘴，报以无声的冷笑：那可是一个"从未有任何车轮碾过，也从不可能有车轮能够从那儿碾过的地方"。更何况，拿破仑还率领着7万军队，拉着笨重的大炮，带着成吨的炮弹和装备，还有大量的战备物资和弹药。

　　然而，被困的马塞纳将军在热那亚陷于饥饿境地时，一向以为胜利在望的奥地利人看到拿破仑的军队突然出现，他们不禁目瞪口呆。拿破仑没有像其他人一样被高山吓住，从阿尔卑山上溃退下来，而是迎难而上。失败不属于拿破仑，他成功了。

　　"不可能"的事情一旦成为事实时，总会有人说，这件事本该在很久以前就能做成；还会有人找借口说，他们所遇到的巨大困难是任何人都无法克服的，从而把在困难面前的退却说成是顺理成章的事情，好让自己从困难面前大摇大摆地溜走。对于许许多多的指挥官而言，他们有同样的精良的装备，有必要的工具，有善于穿越崎岖山路的士兵，但他们却缺乏拿破仑的坚韧与勇气。拿破仑在困难面前没有退缩，尽管这种困难对于任何人来说几乎都是难以克服的。他需要前进，所以，他就自己创造了机会并牢牢地把握住了这个机会。

历史无声地留给我们与此类似的千千万万个例子，告诉我们有无数英雄伟人在别人缩手缩脚、面对机会犹豫不决时，他们果敢地抓住了机会，取得了常人难以想象的伟大业绩。这些人总是能当机立断，雷厉风行，全身心地投入到行动中去，让整个世界为之喝彩。

也许，你会认为世界上只有一个拿破仑；但是，另一方面，我们也要看到，当今任何一个年轻人所面对的困难与艰险，绝没有这位伟大的科西嘉小个子所跨越的阿尔卑斯山那么高、那么险。

因此，我们不能总是企盼着非同寻常的机会在自己的面前神奇地出现，而是要善于抓住每一个普通的机会，让它在我们的手中变得非同寻常。

纪实小说家乔治埃格尔斯顿曾讲述过这样一个故事：一天，西格诺法列罗的府邸要举行一个盛大的宴会，主人邀请了一大批客人。就在宴会开始的前夕，负责布置餐桌的点心制作人员派人来说，他设计用来摆放在桌子上的那件大型甜点饰品不小心被弄坏了，管家急得团团转。

这时一个孩子走到管家的面前怯生生地说道："如果您能让我来试一试的话，我想我能造另外一件来顶替。"这个小孩是西格诺府邸厨房里干粗活的一个仆人。"你？"管家惊讶地喊道，"你是什么人，竟敢说这样的大话？""我叫安东尼奥·卡诺瓦，是雕塑家皮萨诺的孙子。"这个脸色苍白的孩子回答道。

管家将信将疑地问道："小家伙，你真的能做吗？"小孩开始显得镇定一些："我可以造一件东西摆放在餐桌中央，如果您允许我试一试的话。"仆人们这时都已经慌得手足无措。于是，管家就答应让安东尼奥去试试，他则在一旁紧紧地盯着这个孩子，注视着他的一举一动，看他到底怎么办。这个厨房的小帮工不慌不忙地要人端来了一些黄油。不一会儿工夫，不起眼的黄油在他的手中变成了一只蹲着的巨狮。管家喜出望外，惊讶地张大嘴巴，连忙派人把这个黄油塑成的狮子摆到了桌子上。

晚宴开始了，客人们陆陆续续地被引到餐厅里来。这些客人当中，有威尼斯最著名的实业家，有高贵的王子，有傲慢的王公贵族们，还有眼光挑剔的专业艺术评论家，但当客人们一眼望见餐桌上卧着的黄油狮子时，都不禁交口称赞起来，纷纷认为这真是一件天才的作品。他们在狮子面前不忍离去，甚至忘了自己来此的真正目的是什么了。结果，整个宴会变成了对黄油狮子

人生关键点拨

人生需要自己主动，机遇不是等来的，不是空想的。机遇到来，要牢牢抓住；机遇隐藏，要将它拽出。

的鉴赏会。客人们在狮子面前情不自禁地细细欣赏着，不断地问西格诺·法列罗，究竟是哪一位伟大的雕塑家竟然肯将自己天才的技艺浪费在这样一种很快就会溶化的东西上。法列罗也愣住了，他当即喊管家过来问话，于是管家就把小安东尼奥带到了客人们的面前。

当这些尊贵的客人们得知，面前这个精美绝伦的黄油狮子竟然是这个小孩仓促间做成的作品时，众人不禁大为惊讶，整个宴会立刻变成了对这个小孩的赞美会，富有的主人当即宣布，将由他出资给小孩请最好的老师，让他的天赋充分地发挥出来。

西格诺·法列罗果然没有食言。但安东尼奥没有被眼前的宠幸冲昏头脑，他依旧是一个淳朴、热切而又诚实的孩子，孜孜不倦地刻苦努力着，希望成为为皮萨诺家族中又一名优秀的雕塑家。也许很多人并不知道安东尼奥是如何充分利用第一次机会展示自己才华的，然而，却没有人不知道后来的著名雕塑家卡诺瓦的大名，没有人不知道他是世界上最伟大的雕塑家之一。

以上事例表明：优秀的人不会等待机会的到来，而是善于创造机会，把握机会，征服机会。让机会成为服务于他的奴仆。

于无声处听惊雷，机遇总是不起眼

一位老教授退休后，巡回拜访偏远山区的学校，传授教学经验与当地老师分享。由于老教授的爱心及和蔼可亲，使得他所到之处皆受到老师和学生的欢迎。

有一次，当他结束在山区某学校的拜访行程，而欲赶赴他处时，许多学生依依不舍，老教授也不免为之所动，当下答应学生，下次再来时，只要谁能将自己的课桌椅收拾整洁，老教授将送给该名学生一个神秘礼物。

在老教授离去后，每到星期三早上，所有学生一定将自己的桌面收拾干净，因为星期三是每个月教授前来拜访的日子，只是不确定教授会在哪一个星期三来到。

其中有一个学生的想法和其他同学不一样，他一心想得到教授的礼物留作纪念，生怕教授会临时在星期三以外的日子突然带着神秘礼物来到，于是他每天早上，都将自己的桌椅收拾整齐。

但往往上午收拾妥当的桌面，到了下午又是一片凌乱，这个学生又担心教授会在下午来到，于是在下午又收拾了一次。可他想想又觉得不安，如果教授在 1 个小时后出现在教室，仍会看到他的桌面凌乱不堪，便决定每个小时收拾一次。

到最后，他想到，若是教授随时会到来，仍有可能看到他的桌面不整洁，终于，小学生想清楚了，他无时无刻不保持自己桌面的整洁，随时欢迎教授的光临。

老教授虽然尚未带着神秘礼物出现，但这个小学生已经得到了另一份奇特的礼物。

有许多人终其一生，都在等待一个足以令他成功的机会。而事实上，机会无所不在，重点在于：当机会出现时，你是否已经准备好了。

机遇是一位神奇的、充满灵性的但性格怪僻的天使。她对每一个人都是公平的，但绝不会无缘无故地降临。只有经过反复尝试，多方出击，才能寻觅到她。

在成功的道路上，有的人不愿走崎岖的小道，遇到艰辛或绕道而行，或望而却步，他们常与机遇无缘；而另一些人，总是很有耐性，尝试着解决难题。不怕吃千般苦，历万道岭，结果恰恰是他们能抓住"千呼万唤始出来"的机遇。

机遇是一种重要的社会资源。它的到来，条件往往十分苛刻，且相当稀缺难得，它并非那样轻易得到。要获得它，需要极大的"投入"，才会有"产出"，需要高昂的代价和成本，这就是准备相当充足的实力、雄厚的才能功

人生关键点拨

机遇最喜欢爱拼善攻、有挑战性格的人，它最乐意为这样的人"效劳"。所以，在机遇面前，无疑需要敢于拼搏、锲而不舍的劲头，自身的能量最大限度地发挥出来。只有勇于战胜那些看似难以克服的困难，才使机遇发挥出极大的效能。有些人为艰难所折服，就会使已到手的机遇得不到充分利用，而使自己功亏一篑，也使机遇之水付诸东流。

底。机遇相当重情谊，你对它倾心，它也会对你钟情，给你报答。但机遇绝不轻易光顾你的门庭，不愿意花费"投入"的人，也决然得不到它的偏爱与回报。喜剧演员游本昌深有所悟地说："机遇对每个人都是相等的，当机遇到来时，早有准备的人便会脱颖而出；而那些没有任何准备的人，只能看着机会白白地流失。"

机遇绝非上苍的恩赐，它是创造主体主动争来的，主动创造出来的。机遇是珍贵而稀缺的，又是极易消逝的。你对它怠慢、冷落、漫不经心，它也不会向你伸出热情的手臂。主动出击的人，易俘获机遇；守株待兔的人，常与机遇无缘，这是普遍的法则。你若比一般人更显出主动、热情的话，机遇就会向你靠拢。

生活不只给你一次机会

不同的人面对不同的机遇，会产生不同的结果。机遇不是命中注定的，上天也不会安排。能不能抓住，就看你是否能把握好关键的时机。可见，机遇完全就在你手中，抓住了它，也就抓住了成功，抓住了财富。

日本绳索大王岛村芳雄当年到东京一家包装材料店当店员时，薪金只有1.8万日元，还要养活母亲和3个弟妹。因此他时常囊空如洗。

有一天，他在街上漫无目的地散步，他注意到女性们，无论是花枝招展的小姐，还是徐娘半老的妇人，除了带有自己的皮包之外，还提着一个纸袋，这是买东西时商店送给她们装东西用的。岛村芳雄整个心就被纸袋和绳索占住了。2天后，他到一家跟商店有来往的纸袋工厂参观。果然，正如他所料，工厂忙得不可开交。参观之后，他怦然心动，将来纸袋一定会风行全国，做纸袋绳索的生意是错不了的。岛村虽然雄心勃勃，但身无分文，无从下手。以后几天，资金问题一直困扰着他，最后他决定到各银行试一试。一到银行，他就对纸袋的使用前景，纸袋绳索制作上的技巧，他的原价推销法及这事业上的展望等说得口干舌燥，但每一家银行听了他的打算之后，都冷冷淡淡地不愿理睬他。起初态度冷淡得连他的话都不愿听的职员们，过了几天，对他的蔑视的态度就逐渐表面化，终于耐不住厌烦地大发脾气，一看到他就怒目而视。有时他一来,大家就发出一阵哄笑,有时干脆把他赶了出去。

苍天不负苦心人,前后经过 3 个月,到了第 69 次时,对方竟被他那煞费苦心、百折不挠的精神所感动,答应贷给他 100 万日元。当朋友和熟人知道他获得银行贷款 100 万日元后,纷纷帮他筹集资金,就这样他很快就筹集了 200 万日元的资金。于是岛村辞去了店员的工作,设立凡芳商会,开始绳索贩卖业务。他深信,虽然他的条件比别人差,但用自己新创的"原价售销"商法干下去,一定能在竞争激烈的商业界站稳脚跟。

后来,岛村终于成为日本的富豪。

不要慨叹没有机遇,也不要在机遇面前彷徨无助。因为机遇就在你身边,机遇就在于你发掘。不要白白地浪费了发财的机会,也不要在机遇面前麻木不仁。

人生关键点拨

当机遇出现时,立刻抓住它,也就抓住了本钱。此时,机遇已不再是机遇,而是一种创业的资本。创业的本身,可以是前途,也可以是"钱"途,无论走哪条路,机遇必然伴随。

掌握信息,捕捉机遇

经营自己的强项,还要有捕捉信息、抓住和创造机会的本领。有一句格言说得好:"幸运之神会光顾世界上的每一个人。但如果她发现这个人并没有准备好要迎接她,她就会从大门里走进来,然后从窗子里飞出去。"

1993 年,刘永森离开黑龙江,像很多人一样漫无目的地来北京寻找赚钱的机会,在北京一家公司打工。因为喜好速记,所以经常练练手,于是就有一些人知道他有速记这个"绝活"。一次偶然的机会,他被中央党校的一位老先生邀去做速记,由老先生口述,他做记录。由于多年的练习,他对此轻车熟路,出错率很低。

以此为契机,刘永森以 10 万元注册了北京文山会海速记公司,在北京这个速记覆盖率不足 10% 的市场中全力地发展速记业。口口相传,他开始陆续为个人做速记。这时候，他才重新审视自己所掌握的速记技能，才开始观察北京市场对速记的需求。结果发现，自己身处的这个地方是速记发展最理想的市场，于是，他花2000元买了一台旧笔记本电脑，从此乐此不疲地为他人做速记。这时候，他已不仅为个人做速记，而且开始承揽各种会议速记。

在北京市场，速记成为一种商业行为也只是"小荷才露尖尖角"，但毕竟有了一个开始，而且还显现强大的潜力。刘永森说："这是个不成熟的领域，我碰巧有这个不成熟领域里成熟的技术，把握住了这一点，我就成功了一半；还有，不管面对什么压力，我都会坚持已经认定的目标，这样我就得到了成功的另一半。"

可见，如果没有捕捉信息抓住机遇的能力，纵然身怀绝技也不一定有用武之地。而抓住机遇，就有了强项施展的舞台，在施展强项的同时，强项也得到了更多的打造，变得更强了。

很多人抱怨：我就是缺乏机会，要是有什么，就已经怎样怎样了。一位哲人曾经说过："人生就是一系列机遇的组合。"

所谓"应运而生"，"时势造英雄"，无论"运"还是"时势"，都不过是"机遇"的另一种符号。成功者，其成功之处，就在于他能随时把握住人生的机遇、时代的脉搏。

机遇虽然稍纵即逝，但也并非不可把握，那么，要发现机遇，抓住机遇，创造机遇，就必须处处留心，捕捉信息。

古语云：月晕而风，础润而雨。其意思就是月亮周围出现光环，那就预示将有大风刮来；础（即柱子）下面的石墩子返潮了，则预示着天要下雨。这是古代人们利用天象这一信息来预知刮风下雨，从而为挡风防雨做准备。

把这句话用在对机遇的把握上，就是告诫我们要留心各种信息，从中捕捉机会，从而为成功做好准备。

在圣诞节前夕，美国曼尔登公司的一位经理从芝加哥去旧金山进行市场调查。在火车上，一位身穿圣诞节礼服的女郎格外惹人注目，同车的少女甚至中年妇女都目不转睛地看着她那件礼服，有的妇女还特意走过去打听这件礼服是从哪里买到的。这位经理看在眼里，灵机一动，觉得赚钱的机会来了。

当时已是12月18日，离圣诞节仅一周时间，圣诞节礼服在这段时间一定是热门货，在一个火车上就有那么多妇女喜欢那位女郎的金装圣诞节礼服，推而广之，整个美国该是多么庞大的市场！于是他非常礼貌地向那位女郎提出拍张照片作为纪念的请求，那位女郎欣然应承。拍完照片后，那位经理便中途下车，向公司发出传真电报，要求公司务必在 12 月 23 日前向市场推出 1 万套这种服装。

曼尔登公司接到经理的传真电报后，立即召集公司的设计师，按传真过来的服装照片式样设计，并于当晚 23 点 25 分向所属的服装加工厂下达投料生产指令，以最快的速度日夜加班，生产出 1 万套"圣诞节金装女郎礼服"。

12 月 22 日下午 2 点，1 万套"圣诞节金装女郎礼服"同时出现在曼尔登公司的几个铺面，立即引起妇女们的兴趣。她们争先恐后地购买，到 12 月 25 日下午 4 点，1 万套礼服除留下 2 套作为公司保留的样品，1 套赠给火车上那位女郎外，全部销售一空，公司净赚 100 万美元。

"圣诞节金装女郎礼服"成功的经验说明，要想成功，必须善于观察日常生活，捕捉和利用各种信息，从而发掘机遇。

也许你会说："是的，我也知道信息很重要，可我不是间谍，怎么可能搜集到信息呢？"其实，你错了。用你的两眼、两耳和一张嘴巴也是能得到重要信息的。你的朋友、你的竞争对手，报纸、杂志、广播电视……都会有大量信息随时随地提供给你参考；食堂、酒会、舞会、咖啡屋……都能成为信息的源泉。实际生活中处处充满信息，善于观察生活的人，总能找到成功的机遇。

有一年，天文台预报中国境内广大地区将看到多年不遇的日全食，报纸刊登了这个消息，并告诫人们用肉眼直接观察会损害视力。许多人看过这条消息都没太在意，只有沈阳一家小厂据此做出决策，迅速研制生产了一种简单、实用、价廉的日食观察片，投放市场后大获成功。

"经验"的时代早已不复存在，科学愈来愈统治着人类的行为。对信息的分析，无疑更应划入科学的范畴。当今世界上每一家顶级的集团、公司都必须花费大量的人力、物力、财力，用于搜集、处理、分析市场动态，从中捕捉任何有利于本集团、本公司的信息。

对机遇的"把握"、并不是在瞬间完成的，要依靠对信息的科学分析。

人生关键点拨

掌握信息，捕捉机遇。信息时代的成功取决于在繁杂的信息筛选出机遇。

扫码获取更多资源